高等职业教育教材

信息技术习题册

蔡小莉 刘 熙 主 编
邓金凤 黄 巧 副主编

化学工业出版社
·北京·

内容简介

本习题册是依据职业院校教学要求，参考《高等职业教育专科信息技术课程标准（2021年版）》并结合《全国计算机等级考试一级 MS Office 考试大纲（2021年版）》编写而成的。全书包括信息技术概论、计算机基础知识、信息检索、文档处理、电子表格处理、演示文稿制作、程序设计基础、大数据、人工智能、云计算、现代通信技术、物联网、虚拟现实、区块链等方面的知识要点和习题，供读者学习。

通过本习题册的学习，使读者能够熟练掌握计算机及基本信息技术的相关应用，培养读者的计算机应用能力和解决问题的能力。本书可以作为高等职业院校的信息技术或办公自动化应用教学用书，也可作为计算机爱好者的自学参考书。

图书在版编目（CIP）数据

信息技术习题册 / 蔡小莉，刘熙主编；邓金凤，黄巧副主编. —北京：化学工业出版社，2022.8（2024.8重印）
高等职业教育教材
ISBN 978-7-122-41408-3

Ⅰ. ①信⋯ Ⅱ. ①蔡⋯ ②刘⋯ ③邓⋯ ④黄⋯ Ⅲ. ①电子计算机-高等职业教育-习题集 Ⅳ. ①TP3-44

中国版本图书馆 CIP 数据核字（2022）第 080477 号

责任编辑：姜 磊　窦 臻　　　　　　　装帧设计：张　辉
责任校对：刘曦阳

出版发行：化学工业出版社(北京市东城区青年湖南街13号 邮政编码100011)
印　　装：大厂聚鑫印刷有限责任公司
787mm×1092mm　1/16　印张11　字数266千字　2024年8月北京第1版第4次印刷

购书咨询：010-64518888　　　　　　　售后服务：010-64518899
网　　址：http://www.cip.com.cn
凡购买本书，如有缺损质量问题，本社销售中心负责调换。

定　价：32.00元　　　　　　　　　　　　　　　　版权所有　违者必究

《信息技术习题册》编写人员名单

主　编：蔡小莉　刘　熙
副主编：邓金凤　黄　巧
参　编：赵帮华　汤　东　唐　艳　陈秀玲

前言

  随着科学技术的飞速发展，信息技术已成为当今各行各业工作岗位必备的基本技能之一，对于新时代的大学生而言，掌握计算机应用能力与提高信息素养，则显得十分重要。本习题册为满足不同层次职业院校的教学要求，实现培养高素质技术技能型人才的目标，依据职业院校教学要求，参考《高等职业教育专科信息技术课程标准（2021 年版）》并结合《全国计算机等级考试一级 MS Office 考试大纲（2021 年版）》编写而成。本习题册可以作为高等职业院校的信息技术或办公自动化应用教学用书，也可作为计算机爱好者的自学参考书。

  本习题册包括信息技术概论、计算机基础知识、信息检索、文档处理、电子表格处理、演示文稿制作、程序设计基础、大数据、人工智能、云计算、现代通信技术、物联网、虚拟现实、区块链等方面的知识要点和习题。通过本书的学习，使读者具备基本的计算机应用能力和解决相关问题的能力。

  本习题册由重庆化工职业学院蔡小莉、刘熙担任主编，重庆化工职业学院邓金凤、黄巧担任副主编，重庆化工职业学院赵帮华、汤东、唐艳、陈秀玲也参与了编写工作。具体编写分工如下：基础模块——汤东（第 1、6 章）、蔡小莉（第 2 章）、唐艳（第 3 章）、刘熙（第 4 章）、赵帮华（第 5 章）；拓展模块——唐艳（第 1、7 章）、陈秀玲（第 2、3 章）、邓金凤（第 4、5 章）、黄巧（第 6、8 章）。

  本习题册在编写过程中参考了相关教材和资料，在此表示感谢！

  由于编者水平有限，难免有不足和疏漏之处，敬请各位同仁和广大读者给予批评指正。

编 者
2022 年 1 月

目 录

第 1 篇　基础模块

第1章　信息技术概论

1.1　信息技术 ··· 2
  1.1.1　知识点分析 ··· 2
  1.1.2　习题及解析 ··· 2
1.2　信息安全 ··· 4
  1.2.1　知识点分析 ··· 4
  1.2.2　习题及解析 ··· 4
1.3　信息素养 ··· 5
  1.3.1　知识点分析 ··· 5
  1.3.2　习题及解析 ··· 5
1.4　社会责任 ··· 6
  1.4.1　知识点分析 ··· 6
  1.4.2　习题及解析 ··· 6
1.5　新一代信息技术 ·· 7
  1.5.1　知识点分析 ··· 7
  1.5.2　习题及解析 ··· 7

第2章　计算机基础知识

2.1　计算机概述 ·· 9
  2.1.1　知识点分析 ··· 9
  2.1.2　习题及解析 ··· 9
2.2　计算机中信息的表示和存储 ··· 14
  2.2.1　知识点分析 ··· 14
  2.2.2　习题及解析 ··· 14
2.3　计算机系统的组成 ··· 21

		2.3.1 知识点分析	21
		2.3.2 习题及解析	21
	2.4	计算机病毒及其预防	36
		2.4.1 知识点分析	36
		2.4.2 习题及解析	36
	2.5	计算机网络基础知识	38
		2.5.1 知识点分析	38
		2.5.2 习题及解析	38

第3章 信息检索

3.1	信息检索概述	50
	3.1.1 知识点分析	50
	3.1.2 习题及解析	50
3.2	检索技术	51
	3.2.1 知识点分析	51
	3.2.2 习题及解析	51
3.3	网络信息检索	54
	3.3.1 知识点分析	54
	3.3.2 习题及解析	54
3.4	专用平台信息检索	54
	3.4.1 知识点分析	54
	3.4.2 习题及解析	55

第4章 文档处理

4.1	Word 2016 概述	57
	4.1.1 知识点分析	57
	4.1.2 习题及解析	57
4.2	Word 2016 的基本编辑排版操作	59
	4.2.1 知识点分析	59
	4.2.2 习题及解析	59
4.3	Word 2016 的图文混排操作	74
	4.3.1 知识点分析	74
	4.3.2 习题及解析	74
4.4	Word 2016 的表格操作	76
	4.4.1 知识点分析	76
	4.4.2 习题及解析	76
4.5	样式与目录	80
	4.5.1 知识点分析	80
	4.5.2 习题及解析	80

第5章 电子表格处理

- 5.1 Excel 2016 概述 ········· 81
  - 5.1.1 知识点分析 ········· 81
  - 5.1.2 习题及解析 ········· 81
- 5.2 Excel 2016 的基本操作 ········· 85
  - 5.2.1 知识点分析 ········· 85
  - 5.2.2 习题及解析 ········· 85
- 5.3 工作表的格式化 ········· 92
  - 5.3.1 知识点分析 ········· 92
  - 5.3.2 习题及解析 ········· 92
- 5.4 公式与函数 ········· 93
  - 5.4.1 知识点分析 ········· 93
  - 5.4.2 习题及解析 ········· 94
- 5.5 图表 ········· 99
  - 5.5.1 知识点分析 ········· 99
  - 5.5.2 习题及解析 ········· 99
- 5.6 数据管理 ········· 101
  - 5.6.1 知识点分析 ········· 101
  - 5.6.2 习题及解析 ········· 101
- 5.7 工作表的打印 ········· 103
  - 5.7.1 知识点分析 ········· 103
  - 5.7.2 习题及解析 ········· 103
- 5.8 保护数据 ········· 104
  - 5.8.1 知识点分析 ········· 104
  - 5.8.2 习题及解析 ········· 104

第6章 演示文稿制作

- 6.1 PowerPoint 2016 基础 ········· 105
  - 6.1.1 知识点分析 ········· 105
  - 6.1.2 习题及解析 ········· 105
- 6.2 制作简单演示文稿 ········· 107
  - 6.2.1 知识点分析 ········· 107
  - 6.2.2 习题及解析 ········· 107
- 6.3 演示文稿的显示视图 ········· 110
  - 6.3.1 知识点分析 ········· 110
  - 6.3.2 习题及解析 ········· 110
- 6.4 修饰幻灯片的外观 ········· 113
  - 6.4.1 知识点分析 ········· 113
  - 6.4.2 习题及解析 ········· 113

6.5 插入图片、形状、艺术字、超链接和音频（视频） 115
    6.5.1 知识点分析 115
    6.5.2 习题及解析 115
6.6 插入表格 119
    6.6.1 知识点分析 119
    6.6.2 习题及解析 119
6.7 幻灯片放映设计 120
    6.7.1 知识点分析 120
    6.7.2 习题及解析 120

第 2 篇 拓展模块

第1章 程序设计基础

1.1 程序设计基本概念 126
    1.1.1 知识点分析 126
    1.1.2 习题及解析 126
1.2 程序设计发展历程 127
    1.2.1 知识点分析 127
    1.2.2 习题及解析 127
1.3 程序设计基本流程 127
    1.3.1 知识点分析 127
    1.3.2 习题及解析 128
1.4 认识 Python 语言 128
    1.4.1 知识点分析 128
    1.4.2 习题及解析 128
1.5 Python 的安装与配置 129
    1.5.1 知识点分析 129
    1.5.2 习题及解析 129
1.6 Python 基础知识 130
    1.6.1 知识点分析 130
    1.6.2 习题及解析 130

第2章 大数据

2.1 大数据概述 135
    2.1.1 知识点分析 135
    2.1.2 习题及解析 135
2.2 大数据应用现状与发展趋势 137
    2.2.1 知识点分析 137
    2.2.2 习题及解析 137

第3章 人工智能

3.1 人工智能概述 ... 139
3.1.1 知识点分析 ... 139
3.1.2 习题及解析 ... 139

3.2 人工智能应用现状与发展趋势 ... 141
3.2.1 知识点分析 ... 141
3.2.2 习题及解析 ... 141

第4章 云计算

4.1 云计算概述 ... 143
4.1.1 知识点分析 ... 143
4.1.2 习题及解析 ... 143

4.2 云计算应用现状与发展趋势 ... 143
4.2.1 知识点分析 ... 143
4.2.2 习题及解析 ... 144

4.3 经典应用 ... 146
4.3.1 知识点分析 ... 146
4.3.2 习题及解析 ... 147

第5章 现代通信技术

5.1 现代通信技术概述 ... 149
5.1.1 知识点分析 ... 149
5.1.2 知识点解析 ... 149

5.2 现代通信技术应用现状与发展趋势 ... 150
5.2.1 知识点分析 ... 150
5.2.2 习题及解析 ... 150

5.3 经典应用 ... 151
5.3.1 知识点分析 ... 151
5.3.2 习题及解析 ... 151

第6章 物联网

6.1 物联网概述 ... 153
6.1.1 知识点分析 ... 153
6.1.2 习题及解析 ... 153

6.2 物联网应用现状与发展趋势 ... 155
6.2.1 知识点分析 ... 155
6.2.2 知识点解析 ... 155

6.3 经典应用 ... 156
6.3.1 知识点分析 ... 156

  6.3.2 习题及解析 ·· 156

第7章　虚拟现实

 7.1 虚拟现实概述 ··· 158
  7.1.1 知识点分析 ·· 158
  7.1.2 习题及解析 ·· 158
 7.2 虚拟现实应用现状与发展趋势 ·· 159
  7.2.1 知识点分析 ·· 159
  7.2.2 习题及解析 ·· 160
 7.3 经典应用 ··· 160
  7.3.1 知识点分析 ·· 160
  7.3.2 习题及解析 ·· 160

第8章　区块链

 8.1 区块链概述 ·· 161
  8.1.1 知识点分析 ·· 161
  8.1.2 习题及解析 ·· 161
 8.2 区块链应用现状与发展趋势 ··· 163
  8.2.1 知识点分析 ·· 163
  8.2.2 习题及解析 ·· 163
 8.3 经典应用 ··· 164
  8.3.1 知识点分析 ·· 164
  8.3.2 习题及解析 ·· 165

参考文献

第1篇

基础模块

第1章 信息技术概论

1.1 信息技术

1.1.1 知识点分析

本节内容主要是介绍信息技术的概念、发展历程、分类、特点，以及信息技术对人类社会的影响。

1.1.2 习题及解析

1. 信息技术包括计算机技术、传感技术和____。
   （A）编码技术　　　　　　　　　　（B）电子技术
   （C）通信技术　　　　　　　　　　（D）显示技术

   参考答案：（C）
   知识要点：信息技术主要指应用计算机科学和通信技术来设计、开发、安装和实施的信息系统及应用软件，所以信息技术有时也称为信息和通信技术。主要包括传感技术、计算机与智能技术、通信技术和控制技术。

2. 信息技术从产生到现在经历了____次变革。
   （A）2次　　　　　　　　　　　　（B）3次
   （C）4次　　　　　　　　　　　　（D）5次

   参考答案：（D）
   知识要点：信息技术从产生到现在经历了 5 次变革。第一次是人类语言的产生，发生在距今约 3.5 万～5 万年前，它是信息表达和交流手段的一次关键性革命，产生了信息获取和传递技术。第二次是文字的发明，大约在公元前 3500 年出现，文字的出现使信息可以长期存储，实现了跨时间、跨地域的传递和交流信息，产生了信息存储技术。第三次是造纸术和印刷术的发明，大约在公元 1040 年出现，它把信息的记录、存储、传递和使用扩大到了更广阔的空间，使知识的积累和传播有了可靠的保证，是人类信息存储与传播手段的一次重要革命，产生了更为先进的信息获取、存储和传递技术。第四次是电报、电话、广播、电视的发明和普及，始于 19 世纪 30 年代，实现了信息传递的多样性和实时性，打破了交流信息的时空界限，提高了信息传播的效率，是信息存储和传播的又一次重要革命。第五次是计算机与互联网的使用，即网际网络的出现，始于 20 世纪 60 年代，这是一次信息传播和信息处理手段的革命，对人类社会产生了空前的影响，使信息数字化成为可能，信息产业应运而生。

3. 信息技术可以按____进行分类。

（A）表现形态的不同　　　　　　　　（B）工作流程中基本环节的不同
（C）按使用的信息设备不同　　　　　（D）技术的功能层次不同
（E）以上均是

参考答案：（E）

知识要点：按表现形态的不同，信息技术可分为硬技术（物化技术）与软技术（非物化技术）。按工作流程中基本环节的不同，信息技术可分为信息获取技术、信息传递技术、信息存储技术、信息加工技术及信息标准化技术。按使用的信息设备不同，信息技术可分为电话技术、电报技术、广播技术、电视技术、复印技术、缩微技术、卫星技术、计算机技术、网络技术等。按技术的功能层次不同，可将信息技术体系分为基础层次的信息技术（如新材料技术、新能源技术），支撑层次的信息技术（如机械技术、电子技术、激光技术、生物技术、空间技术等），主体层次的信息技术（如传感技术、通信技术、计算机技术、控制技术），应用层次的信息技术（如文化教育、商业贸易、工农业生产、社会管理中用以提高效率和效益的各种自动化、智能化、信息化应用软件与设备）。

4. 传感技术、通信技术、计算机技术和控制技术是信息技术的四大基本技术，其主要支柱是____，即"3C"技术。

（A）通信技术　　　　　　　　　　　（B）计算机技术
（C）控制技术　　　　　　　　　　　（D）以上均是

参考答案：（D）

知识要点：传感技术、通信技术、计算机技术和控制技术是信息技术的四大基本技术，其主要支柱是通信（Communication）技术、计算机（Computer）技术和控制（Control）技术，即"3C"技术。信息技术是实现信息化的核心手段。信息技术是一门多学科交叉综合的技术，计算机技术、通信技术和多媒体技术、网络技术互相渗透、互相作用、互相融合，将形成以智能多媒体信息服务为特征的大规模信息网。信息科学、生命科学和材料科学一起构成了当代三种前沿科学，信息技术是当代世界范围内新的技术革命的核心。

5. 信息技术的特点有____。

（A）高速化　　　　　　　　　　　　（B）网络化
（C）数字化　　　　　　　　　　　　（D）智能化
（E）以上均是

参考答案：（E）

知识要点：高速化，计算机和通信的发展追求的均是高速度、大容量。网络化，信息网络分为电信网、广电网和计算机网，三网有各自的形成过程，其服务对象、发展模式和功能等有所交叉，又互为补充。数字化，数字化就是将信息用电磁介质或半导体存储器按二进制编码的方法加以处理和传输。智能化，在 21 世纪的技术变革中，信息技术的发展方向之一是智能化。智能化的应用体现在利用计算机模拟人的智能，例如机器人、医疗诊断专家系统及推理证明等方面。

6. 信息技术主要对人类社会的影响有____。
   - （A）经济
   - （B）教育
   - （C）文化
   - （D）生活
   - （E）以上均是

   参考答案：（E）

   知识要点：对经济的影响，信息技术有助于个人和社会更好地利用资源，使其充分发挥潜力，缩小国际社会中的信息与知识差距；有助于减少物质资源和能源的消耗；有助于提高劳动生产率，增加产品知识含量，降低生产成本，提高竞争力；有助于提高国民经济宏观调控管理水平、经济运行质量和经济效益。对教育的影响，信息技术有助于教学手段的改革（如电化教学、远程教育等），能够打破时间、空间的限制，使教育向学习者全面开放并实现资源共享，大大提高了学习者的积极性、主动性和创造性。对文化的影响，信息技术促进了不同国度、不同民族之间的文化交流与学习，使文化更加开放化和大众化。对生活的影响，信息技术给人们的生活带来了巨大的变化，电脑、因特网、信息高速公路、纳米技术等在生产生活中的广泛应用，使人类社会向着个性化、休闲化方向发展。

1.2 信息安全

1.2.1 知识点分析

本节内容主要是介绍信息安全的概念、常用信息安全技术、信息安全策略。

1.2.2 习题及解析

1. 信息安全包含____5个方面的内容。
   - （A）保密性
   - （B）完整性
   - （C）可用性
   - （D）可控性
   - （E）不可否认性
   - （F）以上均是

   参考答案：（F）

   知识要点：信息安全是指信息网络的软件、硬件及其系统中的数据受到保护，不因偶然的或者恶意的原因而遭到破坏、更改、泄露，系统能够连续、可靠、正常地运行，信息服务不中断。它包含了保密性、完整性、可用性、可控性、不可否认性5个方面的内容。

2. 常用的信息安全技术有____。
   - （A）访问控制技术
   - （B）加密技术
   - （C）数字签名
   - （D）防火墙技术
   - （E）以上均是

   参考答案：（E）

   知识要点：访问控制技术是保护计算机信息系统免受非授权用户访问的技术，它是信息安全技术中最基本的安全防范措施，该技术是通过用户登录和对用户授权的方式实现的。加密技术是保护数据在网络传输的过程中不被窃听、篡改或伪造的技术，它是信息安全的核心技术，也是关键技术。数字签名（Digital Signature）是指对网上传输的电子报文进行签名确认的一种方式，它是防止通信双方欺骗和抵赖行为的一种技术，即数据接收方能够鉴别发送方所宣称的身份,而发送方在数据发送完成后不能否认发送过数据。防火墙是用于防止网络外部的恶意攻击对网络内部造成不良影响而设置的一种安全防护措施,它是网络中使用非常广泛的安全技术之一。

3. 网络信息安全的解决方案有____。

(A) 安全需求分析 　　　　　　　(B) 安全风险管理
(C) 制定安全策略 　　　　　　　(D) 定期安全审核
(E) 外部支持和计算机网络安全管理 (F) 以上均是

参考答案:(F)

知识要点:具体参考教材分析。

1.3 信息素养

1.3.1 知识点分析

本节内容主要是介绍信息素养概述、内容、特征、表现能力。

1.3.2 习题及解析

1. 信息素养主要包括____等。

(A) 信息和信息技术的基本知识和基本技能
(B) 运用信息技术进行学习、合作、交流和解决问题的能力
(C) 信息的意识和社会伦理道德问题
(D) 以上均是

参考答案:(D)

知识要点:信息素养包括关于信息和信息技术的基本知识和基本技能,运用信息技术进行学习、合作、交流和解决问题的能力,以及信息的意识和社会伦理道德问题。

2. 信息素养的特征有____。

(A) 捕捉信息的敏锐性 　　　　　(B) 筛选信息的果断性
(C) 评估信息的准确性 　　　　　(D) 交流信息的自如性
(E) 应用信息的独创性 　　　　　(F) 以上均是

参考答案:(F)

知识要点:信息技术的发展已使经济非物质化,世界经济正转向信息化非物质化时代,正加速向信息化迈进,人类已自然进入信息时代。虽然信息素养在不同层次的人们身上体现的侧重面不一样,但概括起来,它主要具有如下特征:捕捉信息的敏锐性;筛选信息的果断性;评估信息的准确性;交流信息的自如性和应用信息的独创性。

3. 信息素养的表现能力有____种。

(A) 6 　　　　　　　　　　　　　(B) 8
(C) 10 　　　　　　　　　　　　(D) 12

参考答案:(B)

知识要点:信息素养主要表现为以下 8 个方面的能力,运用信息工具、获取信息、处理信息、生成信息、创造信息、发挥信息的效益、信息协作、信息免疫。

1.4 社会责任

1.4.1 知识点分析

本节内容主要是介绍社会责任，涉及职业文化、职业理念、职业行为，信息伦理的概述及内容、信息技术法律法规。

1.4.2 习题及解析

1. 企业文化的特征有____。
   (A) 稳定性与动态性的统一 (B) 个异性与群体性的统一
   (C) 有形性与无形性的统一 (D) 封闭性与开放性的统一
   (E) 自觉性与强制性的统一 (F) 以上均是

   参考答案：(F)

   知识要点："职业文化"概念有广义与狭义之分。狭义概念经常被用于某一具体职业，如教师、医务人员的职业文化等。广义的"职业文化"指在多种现代性职业中形成的具有普适意义的文化。这种涵盖大部分现代性职业文化的形成，具体包括职业道德、职业精神、职业纪律和职业礼仪等。职业文化有以下特征，稳定性与动态性的统一；个异性与群体性的统一；有形性与无形性的统一；封闭性与开放性的统一；自觉性与强制性的统一。

2. 职业文化的功能定位有____。
   (A) 对员工潜移默化的教育功能
   (B) 对员工思想和行为具有约束和规范的功能
   (C) 激发员工搞好本职工作的功能
   (D) 构建和谐人际关系的黏合功能
   (E) 以上均是

   参考答案：(E)

   知识要点：具体见教材分析。

3. 职业理念对现代企业管理的重要性，主要体现在____方面。
   (A) 指导员工的职业行为 (B) 使员工认识到工作的快乐
   (C) 使员工跨上新的职业台阶 (D) 以上均是

   参考答案：(D)

   知识要点：职业理念对现代企业管理的重要性，体现在三个方面。第一，指导员工的职业行为。员工的职业行为都是在一定的职业理念指导之下形成的，它会对企业管理构成实质性的影响。第二，使员工认识到工作的快乐。工作是人生活中最重要的组成部分，它不仅为人提供经济来源，而且是人在现代社会中保持身心健康的重要因素。第三，使员工跨上新的职业台阶。正确的职业理念，对员工的职业生涯具有良好的指引作用，使员工自觉地改变自己，跨上新的职业台阶。正确的职业理念也可以提高员工的职业修养。

4. 制定和完善职业理念时，需要做到____。
   (A) 职业理念必须是适宜的
   (B) 职业理念必须是适时的

（C）职业理念必须符合企业管理目标
（D）以上均是

参考答案：（D）

知识要点：具体见教材分析。

5. 职业行为是指人们对____等心理过程的行为反映，是职业目的达成的基础。
（A）职业劳动的认识　　　　　　（B）职业劳动的评价
（C）职业劳动的情感　　　　　　（D）职业劳动的态度
（E）以上均是

参考答案：（E）

知识要点：职业行为是指人们对职业劳动的认识、评价、情感和态度等心理过程的行为反映，是职业目的达成的基础。从形成意义上说，它是由人与职业环境、职业要求的相互关系决定的。职业行为包括职业创新行为、职业竞争行为、职业协作行为和职业奉献行为等方面。因为，人的职业行为不是孤立地发生的，而是在各种各样的社会关系中进行的，会和社会、集体、他人发生联系而形成一定的道德关系。

6. 信息伦理是指涉及____等方面的伦理要求、伦理准则、伦理规约，以及在此基础上形成的新型的伦理关系。
（A）信息开发　　　　　　　　　（B）信息传播
（C）信息的管理和利用　　　　　（D）以上均是

参考答案：（D）

知识要点：信息伦理是指涉及信息开发、信息传播、信息的管理和利用等方面的伦理要求、伦理准则、伦理规约，以及在此基础上形成的新型的伦理关系。信息伦理又称信息道德，它是调整人们之间以及个人和社会之间信息关系的行为规范的总和。

7. 信息伦理内容可概括为两个方面，三个层次。三个层次具体内容是____。
（A）信息道德意识　　　　　　　（B）信息道德关系
（C）信息道德活动　　　　　　　（D）以上均是

参考答案：（D）

知识要点：信息伦理不是由国家强行制定和强行执行的，是在信息活动中以善恶为标准，依靠人们的内心信念和特殊社会手段维系的。信息伦理内容可概括为两个方面，三个层次。两个方面，即主观方面和客观方面。三个层次，即信息道德意识、信息道德关系、信息道德活动。

1.5　新一代信息技术

1.5.1　知识点分析

本节内容主要是介绍新一代信息技术及主要代表技术的基本概念、技术特点、典型应用。

1.5.2　习题及解析

1. 新一代信息技术是以____等为代表的新兴技术。
（A）人工智能技术、大数据技术、云计算技术

（B）现代通信技术、物联网技术
（C）虚拟现实技术、区块链技术
（D）以上均是

参考答案：（D）

知识要点： 新一代信息技术是国务院确定的战略性新兴产业之一。新一代信息技术是以人工智能、大数据、云计算、现代通信技术、物联网、虚拟现实、区块链等为代表的新兴技术。它既是信息技术的纵向升级，也是信息技术之间及其与相关产业的横向融合。

第 2 章 计算机基础知识

2.1 计算机概述

2.1.1 知识点分析

世界上第一台电子计算机 ENIAC 于 1946 年在美国宾夕法尼亚大学诞生,其基本工作原理是存储程序控制原理,也叫"冯·诺依曼原理"。本节包括了计算机的发展史、计算机的特点、计算机的应用领域等内容。为了让计算机具有更强大的处理能力,更能满足人民生活、工作、学习需求,人们研究出了能处理多媒体信息的计算机。

2.1.2 习题及解析

1. 世界上第一台电子计算机取名为____。
   （A）UNIAC   （B）ENICA
   （C）ENIAC   （D）EDVAC
   参考答案：（C）
   知识要点：世界上第一台电子计算机取名为 ENIAC。

2. 个人计算机简称为 PC 机,这种计算机属于____。
   （A）微型计算机   （B）小型计算机
   （C）大型计算机   （D）巨型计算机
   参考答案：（A）
   知识要点：个人计算机简称 PC 机,又叫微机。

3. 微型计算机属于____计算机。
   （A）第一代   （B）第二代
   （C）第三代   （D）第四代
   参考答案：（D）
   知识要点：微型计算机采用的主要元件是超大规模集成电路,属于第四代计算机。

4. 目前制造计算机所采用的电子器件是____。
   （A）晶体管   （B）超导体

（C）中小规模集成电路　　　　　　（D）超大规模集成电路

参考答案：（D）

知识要点： 目前制造的计算机属于第四代计算机，采用的电子元器件是超大规模集成电路。

5. 电子计算机的发展按其所采用的电子元件可分为____阶段。
   （A）2个　　　　（B）3个　　　　（C）4个　　　　（D）5个

参考答案：（C）

知识要点： 根据计算机采用的逻辑器件，一般将计算机的发展分为4个阶段。

6. 第二代电子计算机使用的逻辑器件是____。
   （A）电子管　　　　　　　　　　　（B）晶体管
   （C）集成电路　　　　　　　　　　（D）超大规模集成电路

参考答案：（B）

知识要点： 第二代电子计算机使用的逻辑器件是晶体管。

7. 根据计算机____，计算机的发展可划分为四代。
   （A）使用的处理器　　　　　　　　（B）使用的编程语言
   （C）使用的存储器大小　　　　　　（D）使用的电子元器件

参考答案：（D）

知识要点： 根据计算机使用的电子元器件，可将计算机的发展划分为四代。

8. 我国第一台电子计算机于____年试制成功。
   （A）1946　　　　（B）1953　　　　（C）1958　　　　（D）1964

参考答案：（C）

知识要点： 我国第一台电子计算机诞生于1958年。

9. 计算机按照处理数据的形态可以分为____。
   （A）巨型机、大型机、小型机、微型机和工作站
   （B）286机、386机、486机、Pentium机
   （C）专用计算机、通用计算机
   （D）数字计算机、模拟计算机、混合计算机

参考答案：（D）

知识要点： 按照处理数据的形态可以将计算机分为数字计算机、模拟计算机、混合计算机。

10. 第三代电子计算机使用的电子元件是____。
    （A）晶体管　　　　　　　　　　　（B）电子管
    （C）中、小规模集成电路　　　　　（D）大规模和超大规模集成电路

参考答案：（C）

知识要点： 第三代电子计算机使用的主要电子元件是中、小规模集成电路。

11. 微机分为大型机、超级机、小型机、微型机和____。
    （A）异型机　　　　　　　　　　　（B）工作站
    （C）特大型机　　　　　　　　　　（D）特殊机

参考答案：（B）

知识要点： 按计算机的性能、规模和处理能力，可将计算机分为巨型机、大型机、小型机、微型机和工作站。

12. 将计算机分为286、386、486、Pentium，是按照____划分的。
    （A）CPU 芯片　　　　　　　　　（B）主板型号
    （C）机器字长　　　　　　　　　（D）存储容量
    参考答案：（A）
    知识要点：按照 CPU 采用的芯片可以将计算机分为286、386、486、Pentium。

13. 银河-Ⅱ型计算机是属于____计算机。
    （A）微型　　　　　　　　　　　（B）小型
    （C）中型　　　　　　　　　　　（D）巨型
    参考答案：（D）
    知识要点：银河-Ⅱ型计算机属于巨型计算机。

14. 通常所说的巨型机指的是____。
    （A）体积大的计算机　　　　　　（B）价格昂贵的计算机
    （C）功能强的计算机　　　　　　（D）耗电量大的计算机
    参考答案：（C）
    知识要点：按计算机的性能、规模和处理能力，可将计算机分为巨型机、大型机、小型机、微型机和工作站。巨型机指的是功能强的计算机。

15. 计算机之所以称为"电脑"，是因为____。
    （A）计算机具有人类大脑的思维能力
    （B）计算机具有逻辑判断功能
    （C）计算机具有强大的记忆能力
    （D）计算机具有自动控制功能
    参考答案：（C）
    知识要点：计算机之所以称为"电脑"，是因为计算机具有强大的记忆能力。

16. 下列表述中最能准确反映计算机主要功能的是____。
    （A）计算机可以实现人工智能化
    （B）计算机是一种信息处理机
    （C）计算机可以存储大量信息
    （D）计算机可以在高危工作场所代替人进行操作
    参考答案：（C）
    知识要点：计算机的存储能力是计算机区别于其它计算工具的重要特征。

17. 以下属于微机冷启动方式的是____。
    （A）按 Pause Break 键　　　　　（B）按 Ctrl+Alt+Del 键
    （C）按 Reset 键　　　　　　　　（D）打开电源开关启动
    参考答案：（D）
    知识要点：直接打开电源开关启动属于计算机的冷启动方式。

18. 计算机模拟是属于计算机应用领域中的____。
    （A）科学计算　　　　　　　　　（B）信息处理
    （C）过程控制　　　　　　　　　（D）计算机辅助
    参考答案：（D）
    知识要点：计算机模拟是计算机辅助的重要方面。

19. CAD 是指____。
    （A）计算机辅助制造　　　　　　　（B）计算机辅助教学
    （C）计算机辅助管理　　　　　　　（D）计算机辅助设计
    参考答案：（D）
    知识要点： CAD 是指计算机辅助设计。

20. 微型计算机应用于办公自动化属于____方面的应用。
    （A）科学计算　　　　　　　　　　（B）过程控制
    （C）数据处理　　　　　　　　　　（D）辅助设计
    参考答案：（C）
    知识要点： 微型计算机应用于办公自动化属于数据处理方面的应用。

21. 用计算机向学生模拟展示高危工作现场是属于____应用领域。
    （A）科学计算　　　　　　　　　　（B）信息处理
    （C）过程控制　　　　　　　　　　（D）辅助工程
    参考答案：（D）
    知识要点： 计算机模拟是计算机辅助工程的重要方面。

22. 计算机最早的用途是用于____。
    （A）科学计算　　　　　　　　　　（B）自动控制
    （C）辅助设计　　　　　　　　　　（D）事务处理
    参考答案：（A）
    知识要点： 计算机最早的用途是用于军事上的科学计算。

23. 目前计算机应用最广泛的领域是____。
    （A）人工智能　　　　　　　　　　（B）科学技术
    （C）数据处理　　　　　　　　　　（D）辅助工程
    参考答案：（C）
    知识要点： 目前计算机应用最广泛的领域是数据处理。

24. 目前计算机的应用领域可大致分为三个方面，指出下列答案中正确的是____。
    （A）计算机辅助工程、专家系统、人工智能
    （B）科学计算、信息处理、文字处理
    （C）实时控制、科学计算、数据处理
    （D）数值处理、人工智能、操作系统
    参考答案：（C）
    知识要点： 计算机的应用领域归纳起来主要有科学计算、数据处理和实时控制。

25. 下列关于计算机的叙述中，不正确的一条是____。
    （A）计算机是 20 世纪最先进的发明之一
    （B）计算机病毒就是一种程序
    （C）计算机中所有信息的存储采用二进制
    （D）计算机其实就是一种更先进的计算工具
    参考答案：（D）
    知识要点： 计算机的应用非常广泛，可用于科学计算、数据处理、过程控制、人工智能等各个领域。

26. 计算机在现代教育中的主要应用有计算机辅助教学、计算机模拟、多媒体设备和____。
    (A) 远程教育　　　　　　　　　　(B) 家庭娱乐
    (C) 网上答疑　　　　　　　　　　(D) 网上测试

参考答案：(A)

知识要点：远程教育是计算机在现代教育中的应用。

27. 专家系统是属于计算机应用中的____。
    (A) 科学计算　　　　　　　　　　(B) 数据处理
    (C) 过程控制　　　　　　　　　　(D) 人工智能

参考答案：(D)

知识要点：专家系统是属于计算机在人工智能领域的应用。

28. 在下列项目中使用计算机，属于计算机在科学计算领域的应用的是____。
    (A) 桥梁工程　　　　　　　　　　(B) 文字编辑
    (C) 自动检测　　　　　　　　　　(D) 产品设计

参考答案：(A)

知识要点：计算机用于桥梁工程属于计算机在科学计算领域的应用。

29. 在下列计算机应用项目中，属于过程控制应用领域的是____。
    (A) 桥梁工程　　　　　　　　　　(B) 文字编辑
    (C) 自动检测　　　　　　　　　　(D) 产品设计

参考答案：(C)

知识要点：计算机用于自动检测属于计算机在过程控制领域的应用。

30. 按计算机的应用领域来分类，订票系统属于____方面的应用。
    (A) 科学计算　　　　　　　　　　(B) 过程控制
    (C) 数据处理　　　　　　　　　　(D) 辅助设计

参考答案：(C)

知识要点：计算机中的订票系统属于数据处理方面的应用。

31. 在计算机应用中，"计算机辅助制造"的英文缩写是____。
    (A) CAD　　　(B) CAT　　　(C) CAI　　　(D) CAM

参考答案：(D)

知识要点：计算机辅助制造（Computer Aided Manufacturing）简称 CAM。

32. 下列对计算机的分类，不正确的是____。
    (A) 按使用范围可以分为通用计算机和专用计算机
    (B) 按性能可以分为巨型机、大型机、小型机、微型机和工作站
    (C) 按工作原理可分为数字计算机和模拟计算机
    (D) 按字长可以分为 286、386、486、Pentium

参考答案：(D)

知识要点：按照 CPU 的型号和性能可以分为 286、386、486、Pentium。

33. 所谓媒体是指____。
    (A) 表示和传播信息的载体　　　　(B) 计算机存储的信息
    (C) 计算机输入与输出信息　　　　(D) 计算机屏幕显示的信息

参考答案：（A）

知识要点： 所谓媒体是指表示和传播信息的载体。

34．多媒体计算机是指____。
（A）具有多种功能的计算机
（B）具有多个处理器的计算机
（C）能处理多种媒体信息的计算机
（D）能借助多种媒体操作的计算机

参考答案：（C）

知识要点： 多媒体计算机是指能处理多种媒体信息的计算机。

35．对同一幅照片采用以下格式存储时，占用存储空间最大的格式是____。
（A）.JPG　　　（B）.TIF　　　（C）.BMP　　　（D）.GIF

参考答案：（C）

知识要点： BMP 位图文件格式，是图像文件的原始格式，其占用存储空间最大。

36．应用较为普遍，适合在网上传输的图像格式是____。
（A）.JPG　　　（B）.TIF　　　（C）.BMP　　　（D）.GIF

参考答案：（D）

知识要点： GIF 适合于在网上传输的图像格式，应用比较普遍。

37．____不是多媒体技术的特征。
（A）交互性　　　　　　　　　（B）集成性
（C）娱乐性　　　　　　　　　（D）多样性

参考答案：（C）

知识要点： 多媒体技术具有交互性、集成性、实时性、多样性等特征。

2.2　计算机中信息的表示和存储

2.2.1　知识点分析

计算机中的数据都是以二进制形式存储和处理的。数据的最小单位是位（bit），存储容量的基本单位是字节（byte），除此以外，表示存储容量的单位还有 KB、MB、GB、TB 等。常用的数制有二进制、八进制、十进制和十六进制，它们之间可以进行相互转换。

最常用的字符编码是 ASCⅡ码，它用一个字节来表示一个字符，共有 128 个英文字母、数字、标点符号和控制符。在计算机中用两个字节来表示一个汉字。汉字编码主要有汉字输入码、汉字内码、汉字字形码等。

2.2.2　习题及解析

1．信息在计算机内部都采用____表示。
（A）十进制　　　　　　　　　（B）二进制
（C）八进制　　　　　　　　　（D）十六进制

参考答案：（B）

知识要点： 信息在计算机内部都采用二进制数表示。

2. 计算机处理的数据____。
   (A) 只能是数值形式的
   (B) 只能是数值、字符形式的
   (C) 可以是数值、文字、图形、声音等各种形式的
   (D) 只能是数值、字符、汉字形式的

参考答案：(C)

知识要点：计算机能处理数值、文字、声音、图形等各种形式的数据。

3. 计算机中使用二进制数最主要的原因是____。
   (A) 符合习惯 (B) 编写程序方便
   (C) 结构简单、运算方便 (D) 数据输入、输出方便

参考答案：(C)

知识要点：由于二进制数运算简单，易于物理实现，所以在计算机内部均以二进制数来表示各种信息。

4. 计算机内部之所以采用二进制数是因为二进制有很多优点，下面不是二进制数优点的是____。
   (A) 代码表示简短、易读 (B) 物理上容易实现且简单可靠
   (C) 运算规则简单 (D) 适合逻辑运算

参考答案：(A)

知识要点：在计算机内部用二进制来表示各种信息主要有以下几个方面的原因：一是电路简单，易于表示；二是可靠性高；三是运算简单；四是逻辑性强。

5. 在不同进制的四个数中，最大的一个数是____。
   (A) $(11011100)_2$ (B) $(195)_{10}$
   (C) $(177)_8$ (D) $(AF)_{16}$

参考答案：(A)

知识要点：将二进制数 11011100 转换为十进制数是 220，八进制 177 转换为十进制数是 127，十六进制数 AF 转换为十进制数是 175，故四个数中，最大的是 $(11011100)_2$。

6. 下面四个不同进制的数，最大的一个数是____。
   (A) (101011) B (B) (47) O
   (C) (42) D (D) (2C) H

参考答案：(D)

知识要点：二进制数 101011 转换为十进制数为 43，八进制数 47 转换为十进制数为 39，十六进制数 2C 转换为十进制数为 44，故最大的数为 (2C) H。

7. 下列 4 种不同数制表示的数中，数值最小的一个是____。
   (A) 二进制数 10110 (B) 八进制数 23
   (C) 十进制数 21 (D) 十六进制数 19

参考答案：(B)

知识要点：将二进制数 10110，八进制 23，十六进制数 19，转换为十进制数分别为 22、19、25，数值最小的是八进制数 23。

8. 二进制数 10110111111 转换成十六进制数是____。
   (A) 5BF (B) B7E (C) 5BH (D) 3AF

参考答案：（A）

知识要点：二进制转换为十六进制时，以小数点为中心向左右两边分组，每 4 位为一组，两头不足 4 位补 0 即可，0101 1011 1111 对应十六进制是 5BF。

9．十六进制数 AE 对应的十进制数是____。
　　（A）173　　　　（B）174　　　　（C）175　　　　（D）176

参考答案：（B）

知识要点：十六进制数转换为十进制数采用按权展开再相加的方法，AE 对应的十进制数是 174。

10．十进制数 37 用二进制数表示是____。
　　（A）101001　　（B）100101　　（C）011001　　（D）101010

参考答案：（B）

知识要点：十进制数 37 转换为二进制数为 100101。

11．二进制 101011 转换成十六进制数是____。
　　（A）2B　　　　（B）AC　　　　（C）A3　　　　（D）2C

参考答案：（A）

知识要点：二进制数 101011 转换成十六进制数是 2B。

12．二进制数 11110000111 转换成八进制数是____。
　　（A）5FB　　　（B）7416　　　（C）3607　　　（D）1927

参考答案：（C）

知识要点：二进制数 11110000111 转换成八进制数是 3607。

13．二进制数 1010010 对应的十进制数是____。
　　（A）85　　　　（B）84　　　　（C）83　　　　（D）82

参考答案：（D）

知识要点：二进制数 1010010 转换为十进制数是 82。

14．与二进制数 10011011001110 等值的十六进制数是____。
　　（A）9B38　　　（B）86BE　　　（C）26CE　　　（D）26CD

参考答案：（C）

知识要点：按照一位十六进制数对应四位二进制数的对应关系，10011011001110 转换为十六进制数为 26CE。

15．下列数据中，有可能是八进制数的是____。
　　（A）568　　　　（B）317　　　　（C）479　　　　（D）A12

参考答案：（B）

知识要点：八进制数的基本符号包括 0，1，2，3，4，5，6，7。

16．有一个数值 174，它与十六进制数 7C 相等，那么该数值是____。
　　（A）二进制数　　　　　　　　　（B）十进制数
　　（C）八进制数　　　　　　　　　（D）七进制数

参考答案：（C）

知识要点：根据进制之间的转换方法，八进制数 174 与十六进制数 7C 相等。

17．与十进制 29.875 等值的二进制数是____。
　　（A）11110.101　　　　　　　　（B）11101.111

（C）11101.101　　　　　　　　　　　（D）11110.111

参考答案：（B）

知识要点： 十进制数 29.875 对应的二进制数是 11101.111。

18．下面 4 个数中能用 7 位二进制数表示的十进制整数是____。
　　（A）128　　　（B）113　　　（C）156　　　（D）213

参考答案：（B）

知识要点： 7 位二进制数能表示的十进制整数的范围是 0～127。

19．以下描述中正确的是____。
　　（A）计算机中存储和表示信息的基本单位是位
　　（B）计算机中存储和表示信息的最小单位是字节
　　（C）计算机中存储和表示信息的基本单位是字节
　　（D）计算机中存储和表示信息的最小单位是字长

参考答案：（C）

知识要点： 计算机中存储和表示信息的基本单位是字节。

20．存储器容量是 512M，这里的 512M 容量是指____个字节。
　　（A）512×1000×1024　　　　　　　（B）512×1000×1000
　　（C）512×1024　　　　　　　　　　（D）512×1024×1024

参考答案：（D）

知识要点： 1M=1024K，1K=1024B。

21．计算机中存储信息时 1KB 表示的二进制位数是____。
　　（A）1000　　（B）8×1000　　（C）1024　　（D）8×1024

参考答案：（D）

知识要点： 计算机中 1KB=1024B，1B=8 位二进制数。

22．下面叙述正确的是____。
　　（A）八个二进制位称为一个机器字
　　（B）计算机中存储和表示信息的基本单位是机器字
　　（C）计算机中存储和表示信息的基本单位是位
　　（D）计算机中存储和表示信息的基本单位是字节

参考答案：（D）

知识要点： 计算机中存储和表示信息的最小单位是位，存储和表示信息的基本单位是字节。

23．7 位 ASCⅡ码最多可表示____个不同的符号。
　　（A）125　　　（B）126　　　（C）127　　　（D）128

参考答案：（D）

知识要点： 7 位 ASCⅡ码，用 7 位二进制数表示一个字符的编码，共有 2^7=128 个不同的编码值。

24．8 位二进制数能表示的最大十进制数是____。
　　（A）256　　　（B）255　　　（C）128　　　（D）127

参考答案：（B）

知识要点： 8 位二进制数最大的是 11111111，转换为十进制数是 255。

25．计算机系统中使用的 GB2312—80 编码是一种____。
    （A）西文字符的编码　　　　　　　　（B）中文汉字的编码
    （C）通用字符的编码　　　　　　　　（D）信息交换标准代码
参考答案：（B）
知识要点：我国于 1980 年发布了国家汉字编码标准 GB2312—80。

26．以下关于计算机中常用编码描述正确的是____。
    （A）只有 ASCⅡ码一种　　　　　　　（B）主要是 ASCⅡ码
    （C）ASCⅡ码采用 7 位或 8 位编码　　（D）ASCⅡ码只有 7 位编码
参考答案：（B）
知识要点：计算机中的字符编码有 EBCDIC 码和 ASCⅡ码两种，最常用的是 ASCⅡ编码，被国际标准化组织指定为国际标准。ASCⅡ码有 7 位码和 8 位码两种。

27．下列字符中，其 ASCII 码值最小的是____。
    （A）D　　　　（B）a　　　　（C）G　　　　（D）NUL
参考答案：（D）
知识要点：按照各个字符在 ASCⅡ码表中的排列顺序，ASCⅡ码值最小的是 NUL。

28．目前国际上最为流行的 ASCⅡ编码分为两种，分别是____。
    （A）多位编码和少位编码　　　　　　（B）标准编码和扩展编码
    （C）专用编码和通用编码　　　　　　（D）高位编码和低位编码
参考答案：（B）
知识要点：目前国际上最为流行的 ASCⅡ编码分为标准编码和扩展编码。

29．下列字符中，其 ASCⅡ码值最大的是____。
    （A）NUL　　　（B）7　　　　（C）M　　　　（D）b
参考答案：（D）
知识要点：在 ASCⅡ码表中排列越靠后的 ASCⅡ码值越大，上述 4 个选项中 ASCⅡ码值最大的是 b。

30．在 ASCⅡ码表中，按照 ASCⅡ码值从大到小排列顺序是____。
    （A）数字、英文大写字母、英文小写字母
    （B）数字、英文小写字母、英文大写字母
    （C）英文大写字母、英文小写字母、数字
    （D）英文小写字母、英文大写字母、数字
参考答案：（D）
知识要点：在 ASCⅡ码表中，ASCⅡ码值从大到小的排列顺序英文小写字母、英文大写字母、数字。

31．下列字符中，其 ASCⅡ码值最小的一个是____。
    （A）!　　　　（B）5　　　　（C）X　　　　（D）d
参考答案：（A）
知识要点：根据 ASCⅡ码表中的排列顺序，"!"的 ASCⅡ码值是最小的。

32．字符比较大小实际是比较它们的 ASCⅡ码值，下列正确的比较是____。
    （A）"?"比"B"大　　　　　　　　　（B）"P"比"p"小
    （C）"m"比"A"小　　　　　　　　　（D）"2"比"B"大

参考答案：（B）

知识要点： 在 ASCⅡ码表中，从小到大的排列有 0～9，A～Z，a～z，且小写字母比对应的大写字母的码值大 32。

33．某汉字的国际码是 397AH，它的机内码是____。
　　（A）599AH　　　　（B）B9FAH　　　　（C）C9FAH　　　　（D）B9EAH

参考答案：（B）

知识要点： 汉字的机内码=汉字的国标码+8080H。

34．在计算机中存储一个汉字需要____个字节。
　　（A）1　　　　　　（B）2　　　　　　（C）3　　　　　　（D）4

参考答案：（B）

知识要点： 在计算机中存储一个汉字需要 2 个字节。

35．ASCⅡ码的全称是____。
　　（A）国际信息交换标准码　　　　　（B）美国信息交换标准码
　　（C）欧洲信息交换标准码　　　　　（D）国家信息交换标准码

参考答案：（B）

知识要点： 计算机中最常用的字符编码是 ASCⅡ（美国信息交换标准码），被国际标准化组织指定为国际标准。

36．已知小写字母"m"的十六进制 ASCⅡ码值是 6D，则小写字母"c"的十进制 ASCⅡ码值是____。
　　（A）98　　　　　　（B）62　　　　　　（C）99　　　　　　（D）63

参考答案：（C）

知识要点： 小写字母"m"的十进制 ASCⅡ码值 109，"c"与"m"中间相差 10，所以"c"的十进制 ASCⅡ码值为 99。

37．已知小写字母"m"的十六进制 ASCⅡ码值是 6D，则大写字母"M"的十六进制 ASCⅡ码值是____。
　　（A）4D　　　　　　（B）77　　　　　　（C）8D　　　　　　（D）141

参考答案：（A）

知识要点： 大写字母的 ASCⅡ码值+20H=与之对应的小写字母的 ASCⅡ值。

38．已知字母"A"的二进制 ASCⅡ编码为"1000001"，则字母"a"的二进制 ASCⅡ编码为____。
　　（A）1000011　　　　　　　　　　（B）1110001
　　（C）1100001　　　　　　　　　　（D）1100010

参考答案：（C）

知识要点： 字母"A"与"a"的 ASCⅡ值相差十进制数 32，即二进制数 100000。

39．组成"计算机"（JI SUAN JI），"计算器"（JI SUAN QI）与"微机"（WEI JI）这三个词的汉字，在汉字编码字符集中都是一级汉字，对这三个词排序的结果是____。
　　（A）计算机、计算器、微机　　　　（B）微机、计算器、计算机
　　（C）计算器、微机、计算机　　　　（D）计算机、微机、计算器

参考答案：（A）

知识要点： 在汉字编码字符集中一级汉字 3755 个，按汉语拼音字母的次序排列。

40．用拼音法输入汉字"脑"，拼音是"nao"。那么，"脑"的汉字内码占字节的个数是____。
  （A）1　　　　（B）2　　　　（C）3　　　　（D）4
参考答案：（B）
知识要点：一个汉字在计算机内部占 2 个字节。

41．搜狗输入法属于汉字输入码中的____。
  （A）音码　　　　　　　　　（B）形码
  （C）混合码　　　　　　　　（D）音形码
参考答案：（A）
知识要点：搜狗输入法是汉字输入码中的音码。

42．下列字符中，其 ASCⅡ 码值最大的是____。
  （A）9　　　　（B）c　　　　（C）f　　　　（D）N
参考答案：（C）
知识要点：字符在 ASCⅡ 码表中的排列顺序为数字字符、大写字母、小写字母。大小写字母分别按照字母表中的顺序排列，所以 ASCⅡ 码值最大的是 f。

43．关于汉字编码叙述正确的是____。
  （A）24×24 点阵中，一个汉字字形占 3 个字节
  （B）汉字输入码也称内码
  （C）用于在显示屏或打印机输出的就是汉字字形码
  （D）以上都不对
参考答案：（C）
知识要点：汉字字形码又称为汉字字模，用于汉字在显示屏或打印机输出。

44．在 24×24 点阵的字库中，汉字"中"与"国"的字模占用字节数分别是____。
  （A）72、72　　　　　　　　（B）24、24
  （C）24、72　　　　　　　　（D）72、24
参考答案：（A）
知识要点：在 24×24 点阵的字库中，汉字的字模占用的字节数为 24×24÷8=72。

45．汉字的拼音输入码属于汉字的____。
  （A）外码　　　　　　　　　（B）内码
  （C）国标码　　　　　　　　（D）区位码
参考答案：（A）
知识要点：为将汉字输入计算机而编制的代码称为汉字输入码，也叫外码。

46．在计算机领域中，通常用____来表示字节。
  （A）bit　　　（B）Byte　　　（C）word　　　（D）kb
参考答案：（B）
知识要点：在计算机领域中，通常用 Byte 来表示字节。

47．在计算机中表示信息存储的最小单位是____。
  （A）字节　　　（B）位　　　（C）字　　　（D）双字
参考答案：（B）
知识要点：计算机中存储和表示信息的最小单位是位，存储和表示信息的基本单位是字节。

2.3 计算机系统的组成

2.3.1 知识点分析

一个完整的计算机系统由计算机硬件系统和计算机软件系统两部分组成。计算机硬件系统通常包括运算器、控制器、存储器、输入设备、输出设备五个部分。计算机的软件系统一般根据软件的用途将其分为系统软件和应用软件两大类。

对文件的管理是 Windows 10 操作系统的基本功能之一，包括文件和文件夹的创建、查看、复制、移动、删除、搜索、重命名等操作。

2.3.2 习题及解析

1. 一个完整的计算机系统是指____。
   (A) 主机和外部设备
   (B) 运算器、控制器、存储器、输入设备和输出设备
   (C) 系统软件和应用软件
   (D) 硬件系统和软件系统

   参考答案：（D）
   知识要点： 一个完整的计算机系统包括硬件系统和软件系统。

2. 一台完整的计算机应包括____。
   (A) 机箱、键盘和显示器　　　　(B) 主机与外部设备
   (C) 硬件系统和软件系统　　　　(D) 系统软件与应用软件

   参考答案：（C）
   知识要点： 一台完整的计算机应包括硬件系统和软件系统。

3. 关于硬件系统和软件系统的概念，下列叙述不正确的是____。
   (A) 计算机硬件系统是构成计算机系统的各种设备的总称，是计算机的实体部分
   (B) 软件系统建立在硬件系统的基础上，它使硬件功能得以充分发挥，并为用户提供一个操作方便、工作轻松的环境
   (C) 一个计算机系统必须软、硬件齐备，且合理地协调配合，才能正常运行
   (D) "裸机"装上操作系统后就能使用，并能完成对信息的处理。

   参考答案：（D）
   知识要点： "裸机"是指未安装任何软件的计算机。"裸机"需装上操作系统并配备相应的应用软件才能完成对信息的处理。

4. PentiumⅢ 600 是 Intel 公司生产的一种处理器芯片。其中的"600"指的是该芯片的____。
   (A) 内存容量为 600MB　　　　(B) 主频为 600MHz
   (C) 字长为 600 位　　　　　　(D) 型号为 80600

   参考答案：（B）
   知识要点： PentiumⅢ 600 中的"600"是指该芯片的主频是 600MHz。

5. 下列几种存储器中，存取速度最快的是____。

　　　　（A）内存　　　　　　　　　　　　（B）光盘
　　　　（C）硬盘　　　　　　　　　　　　（D）软盘
　　参考答案：（A）
　　知识要点：内存的存取速度是最快的，因为只有内存是 CPU 能直接访问的。

6. CPU、存储器、I/O 设备是通过____连接起来。
　　　　（A）接口　　　　　　　　　　　　（B）总线
　　　　（C）连接线　　　　　　　　　　　（D）控制线
　　参考答案：（B）
　　知识要点：CPU、存储器以及 I/O 设备是通过总线连接起来的。

7. CPU 能够直接访问的存储器是____。
　　　　（A）软盘　　　　　　　　　　　　（B）RAM
　　　　（C）硬盘　　　　　　　　　　　　（D）CD-ROM
　　参考答案：（B）
　　知识要点：CPU 能直接访问的存储器是内存，内存按功能可分为随机存储器（RAM）和只读存储器（ROM）。

8. 计算机主机是由内存储器与____共同构成的。
　　　　（A）控制器　　　　　　　　　　　（B）运算器
　　　　（C）输入、输出设备　　　　　　　（D）CPU
　　参考答案：（D）
　　知识要点：CPU 和内存储器共同构成了计算机的主机。

9. 下面关于指令的说法不正确的是____。
　　　　（A）一条指令就是计算机机器语言的一个语句
　　　　（B）指令能被计算机硬件理解并执行
　　　　（C）一条指令包括操作码和地址码两部分
　　　　（D）不同种类的计算机，其指令系统的指令数目与格式是相同的
　　参考答案：（D）
　　知识要点：不同种类的计算机，其指令系统是不相同的。

10. 关于 ROM 的表述错误的是____。
　　　　（A）计算机出厂时厂家按特殊方法写入的
　　　　（B）计算机工作时随机写入的
　　　　（C）用来存放一些固定的程序和数据
　　　　（D）一般用于开机检测、系统初始化等
　　参考答案：（A）
　　知识要点：ROM 中存储的信息一般由计算机制造厂写入并经固化处理，用户是无法修改的。

11. CPU 是由____构成。
　　　　（A）内存储器和控制器　　　　　　（B）内存储器和运算器
　　　　（C）运算器和控制器　　　　　　　（D）内存储器、控制器和运算器
　　参考答案：（C）
　　知识要点：CPU 是由运算器和控制器构成的。

第 2 章　计算机基础知识

12. 存储器可分为____两类。
    （A）硬盘和软盘　　　　　　　　　　（B）光盘和优盘
    （C）RAM 和 ROM　　　　　　　　　（D）内存储器和外存储器

    参考答案：（D）

    知识要点： 存储器可分为内存储器和外存储器。

13. 微型计算机在工作中电源突然中断，则其中的信息全部丢失，再次通电后也不能恢复的是____中的信息。
    （A）ROM 和 RAM　　　　　　　　　（B）ROM
    （C）RAM　　　　　　　　　　　　　（D）Cache

    参考答案：（C）

    知识要点： RAM 中存储的信息会在断电后全部丢失。

14. 在未击键时，左手无名指应放在____上。
    （A）A 键　　　（B）S 键　　　（C）D 键　　　（D）L 键

    参考答案：（B）

    知识要点： 未击键时，左手无名指应放在 S 键上。

15. 硬盘工作时应特别注意避免____。
    （A）低温　　　（B）震动　　　（C）潮湿　　　（D）暴晒

    参考答案：（B）

    知识要点： 使用硬盘时应尽量避免震动，防止硬盘磁头损坏导致硬盘不可用。

16. 在外部设备中，扫描仪属于____。
    （A）外部存储器　　　　　　　　　　（B）内部存储器
    （C）输入设备　　　　　　　　　　　（D）输出设备

    参考答案：（C）

    知识要点： 扫描仪属于输入设备。

17. 处理器一次能处理的数据量叫字长，计算机的运算速度取决于它的字长。32 位处理器一次能处理的数据量____字节。
    （A）1 个　　　（B）2 个　　　（C）4 个　　　（D）8 个

    参考答案：（C）

    知识要点： 32 位处理器一次能处理的数据量是 32 个二进制数，8 位二进制等同于 1 个字节。

18. 一条计算机指令通常包括____两方面的信息。
    （A）操作码和操作数　　　　　　　　（B）地址和数据
    （C）操作内容和操作方法　　　　　　（D）操作时间和操作对象

    参考答案：（A）

    知识要点： 一条计算机指令通常包括操作码和操作数两部分。

19. 计算机语言通常分为____。
    （A）结构化语言和过程化语言　　　　（B）机器语言、汇编语言和高级语言
    （C）智能化语言和非智能化语言　　　（D）数字语言、符号语言和代码语言

    参考答案：（B）

    知识要点： 计算机语言通常分为机器语言、汇编语言和高级语言。

20．下列 4 种存储器中，存取速度最快的是____。
（A）硬盘　　　　　　　　　　　（B）磁带
（C）光盘　　　　　　　　　　　（D）内存储器
参考答案：（D）
知识要点：CPU 能直接访问的存储器是内存，所以内存储器的存取速度最快。

21．硬盘中相同编号的磁道形成的圆柱称为____。
（A）盘面　　　　　　　　　　　（B）柱面
（C）扇区　　　　　　　　　　　（D）磁头
参考答案：（B）
知识要点：硬盘中相同编号的磁道形成的圆柱称为柱面。

22．下列关于计算机的叙述中，不正确的一条是____。
（A）外部存储器又称为永久性存储器
（B）计算机中大多数运算任务都是由运算器完成的
（C）高速缓存是为了解决存储器存储容量不够而出现的
（D）计算机的诞生是为了解决军事上的计算问题
参考答案：（C）
知识要点：高速缓存是为了解决 CPU 与主存速度不匹配，为提高存储器速度而设计的。

23．以下关于机器语言的描述中，不正确的是____。
（A）机器语言是有"0"和"1"组成的代码指令
（B）机器语言是唯一能被计算机识别的语言
（C）机器语言可读性强，容易记忆
（D）机器语言和其它语言相比，执行速度快
参考答案：（C）
知识要点：唯一能被计算机识别的语言是机器语言。机器语言执行效率最高，处理速度最快，但编写、调试、维护等都非常烦琐，不容易记忆。

24．将汇编语言程序转换成机器语言程序的过程称为____。
（A）编译过程　　　　　　　　　（B）解释过程
（C）汇编过程　　　　　　　　　（D）翻译过程
参考答案：（C）
知识要点：将汇编语言转换成机器语言的过程称为汇编过程。

25．以下不属于高级语言的有____。
（A）PASCAL 语言　　　　　　　（B）C 语言
（C）汇编语言　　　　　　　　　（D）Java
参考答案：（C）
知识要点：计算机语言分为机器语言、汇编语言和高级语言。PASCAL 语言、C 语言、Java 都属于高级语言。

26．以下关于汇编语言的描述中，错误的是____。
（A）汇编语言需要经过汇编才能被计算机执行
（B）汇编语言不再使用难以记忆的二进制代码
（C）汇编语言使用的是助记符号

（D）汇编程序是一种不再依赖于机器的语言

参考答案：（D）

知识要点：需要使用语言处理软件将汇编语言翻译成机器语言，再链接成可执行程序才能在计算机中执行。

27．微型计算机中运算器的主要功能是进行____。
   （A）算术运算 　　　　　　　　　　（B）逻辑运算
   （C）算术运算和逻辑运算 　　　　　（D）函数运算和对数运算

参考答案：（C）

知识要点：运算器的主要功能是进行算术运算和逻辑运算。

28．高级语言编写的源程序需要通过语言处理程序翻译成____目标程序后才能运行。
   （A）编译语言 　　　　　　　　　　（B）汇编语言
   （C）C语言 　　　　　　　　　　　（D）机器语言

参考答案：（D）

知识要点：高级语言编写的源程序需要通过语言处理程序翻译成机器语言目标程序后才能运行。

29．在计算机领域，"ROM"是指____。
   （A）可擦除存储器 　　　　　　　　（B）随机存取存储器
   （C）只读存储器 　　　　　　　　　（D）只读型光盘存储器

参考答案：（C）

知识要点：ROM 是指只读存储器。

30．在计算机领域，"RAM"是指____。
   （A）可擦除存储器 　　　　　　　　（B）随机存取存储器
   （C）只读存储器 　　　　　　　　　（D）只读型光盘存储器

参考答案：（B）

知识要点：RAM 是指随机存储器。

31．在计算机领域，"CD-ROM"是指____。
   （A）可擦除存储器 　　　　　　　　（B）随机存取存储器
   （C）只读存储器 　　　　　　　　　（D）只读型光盘存储器

参考答案：（D）

知识要点：CD-ROM 是指只读型光盘存储器。

32．计算机指令系统是指____。
   （A）计算机全部指令的集合
   （B）计算机所有指令的序列
   （C）计算机所有代码的集合
   （D）计算机所有数据、文档、程序的集合

参考答案：（A）

知识要点：计算机指令系统是指计算机所有指令的集合。

33．计算机系统总线上传送的信号有____。
   （A）地址信号与控制信号
   （B）数据信号与地址信号

（C）控制信号与数据信号

（D）数据信号、控制信号与地址信号

参考答案：（D）

知识要点： 计算机系统的总线分为控制总线、数据总线和地址总线，分别传送的是控制信号、数据信号和地址信号。

34．SRAM 存储器的中文含义是____。

（A）静态随机存储器　　　　　　（B）动态随机存储器

（C）静态只读存储器　　　　　　（D）动态只读存储器

参考答案：（A）

知识要点： 随机存储器（RAM）可分为静态随机存储器（SRAM）和动态随机存储器（DRAM）。

35．微型计算机的运算器、控制器及内存储器的总称是____。

（A）CPU　　　（B）ALU　　　（C）主机　　　（D）MPU

参考答案：（C）

知识要点： 微机的运算器、控制器及内存储器总称为主机。

36．下列关于计算机的叙述中，不正确的一条是____。

（A）高级语言编写的程序称为目标程序

（B）一条指令包括了操作码和地址码

（C）国际常用的 ASCⅡ编码是 7 位 ASCⅡ码

（D）大型机又被称为"企业级"计算机

参考答案：（A）

知识要点： 高级语言写的程序称为源程序。

37．下列关于计算机的叙述中，不正确的一条是____。

（A）CPU 由运算器和控制器组成

（B）内存储器分为 ROM 和 RAM

（C）计算机必备的输入设备是鼠标

（D）应用软件分为通用软件和专用软件

参考答案：（C）

知识要点： 计算机必备的输入设备是键盘。

38．人们通常所说的 Cache 是指____。

（A）动态随机储存器 DRAM　　　　（B）只读存储 ROM

（C）动态 RAM 和静态 RAM　　　　（D）高速缓冲随机存储器

参考答案：（D）

知识要点： Cache 是指高速缓冲存储器。

39．使用 Cache 可以提高计算机运行速度，这是因为____。

（A）Cache 增大了内存的容量

（B）Cache 增强了 CPU 的性能

（C）Cache 可以作为存储器使用

（D）Cache 缩短了 CPU 的等待时间

参考答案：（D）

知识要点：Cache 主要是为了解决 CPU 和主存速度不匹配，为提高存储器速度而设计的，它缩短了 CPU 的等待时间。

40．在程序设计中可使用各种语言编制源程序，但____在执行转换过程中不产生目标程序。

（A）编译程序　　　　　　　　　　　（B）解释程序
（C）汇编程序　　　　　　　　　　　（D）语言处理程序

参考答案：（B）

知识要点：解释过程不产生目标程序，基本上是翻译一行执行一行，边翻译边执行。

41．下列叙述中，正确的说法是____。

（A）编译程序、解释程序和汇编程序不是系统软件
（B）故障诊断程序、排错程序、人事管理系统属于应用软件
（C）操作系统和各种程序设计语言的处理程序都是系统软件
（D）操作系统、财务管理程序、数据库管理系统都是应用软件

参考答案：（C）

知识要点：系统软件主要包括操作系统、语言处理系统、数据库管理系统。

42．通过____可以将高级语言编写的源程序整个转换成目标程序。

（A）翻译　　　　　　　　　　　　　（B）解释
（C）编辑　　　　　　　　　　　　　（D）编译

参考答案：（D）

知识要点：高级语言的源程序通常可以通过两种方式翻译成机器语言程序，即编译方式和解释方式。其中编译方式是将高级语言源程序整个翻译成目标程序。

43．MIPS 是表示计算机____的单位。

（A）机器字长　　　　　　　　　　　（B）时钟频率
（C）运算速度　　　　　　　　　　　（D）存储容量

参考答案：（C）

知识要点：计算机的运算速度通常是指每秒钟所能执行指令的数目，常用百万次/秒（MIPS）来表示。

44．下列 4 条叙述中，正确的一条是____。

（A）CPU 可以直接访问外部存储器的内容
（B）计算机在使用过程中突然断电，SRAM 中存储的信息不会丢失
（C）计算机在使用过程中突然断电，DRAM 中存储的信息不会丢失
（D）高速缓冲存储器是为了解决 CPU 与内存之间的速度差

参考答案：（D）

知识要点：高速缓冲存储器是为了解决 CPU 与内存之间速度不匹配的问题而设计的。

45．我们通常所说的"裸机"是指____。

（A）只装备有操作系统的计算机　　　（B）不带输入输出设备的计算机
（C）未装备任何软件的计算机　　　　（D）计算机主机暴露在外

参考答案：（C）

知识要点：未安装任何软件的计算机称为"裸机"。

46．下列会使磁盘中的信息被破坏的情况是____。

（A）放在强磁场附近　　　　　　　　（B）通过机场、车站的 X 射线监视仪

（C）放在盒内一年没有用过　　　　　　（D）放在零下 5 摄氏度的环境里

参考答案：（A）

知识要点：磁盘应避开强磁场环境。

47．"32 位微型计算机"中的 32 指的是____。
（A）CPU 芯片　　　　　　　　　　　（B）机器字长
（C）内存容量　　　　　　　　　　　（D）运行速度

参考答案：（B）

知识要点："32 位微型计算机"中的 32 指的是计算机的机器字长。

48．I/O 接口位于____。
（A）总线和 I/O 设备之间　　　　　　（B）CPU 和 I/O 设备之间
（C）主机和总线之间　　　　　　　　（D）CPU 和主存储器之间

参考答案：（A）

知识要点：I/O 接口位于总线和 I/O 设备之间。

49．C 语言是一种____的程序设计语言。
（A）面向机器　　　　　　　　　　　（B）面向过程
（C）面向问题　　　　　　　　　　　（D）面向对象

参考答案：（B）

知识要点：C 语言是一种面向过程的程序设计语言。

50．在计算机系统的硬件设备中，负责从存储器中取指令，并对指令进行翻译，这是____的基本功能。
（A）输入/输出设备　　　　　　　　　（B）控制器
（C）内存储器　　　　　　　　　　　（D）运算器

参考答案：（B）

知识要点：控制器的基本功能是根据指令计数器中指定的地址从内存取出一条指令，对指令进行译码，再由操作控制部件有序地控制各部件完成操作码规定的功能。

51．下面选项中，____可以将一张照片输入到计算机中。
（A）绘图仪　　　　　　　　　　　　（B）扫描仪
（C）条形码阅读器　　　　　　　　　（D）显示器

参考答案：（B）

知识要点：使用扫描仪可以将一张照片输入到计算机中。

52．USB 是指____。
（A）中央处理器　　　　　　　　　　（B）通用串行总线接口
（C）随机存储器　　　　　　　　　　（D）不间断电源

参考答案：（B）

知识要点：USB 是指通用串行总线接口。

53．计算机的总线可分为____。
（A）指令总线、数据总线和地址总线
（B）数据总线、控制总线和地址总线
（C）数据总线、控制总线和传输总线
（D）输入总线、存储总线和输出总线

参考答案：（B）

知识要点： 计算机的总线可分为控制总线、数据总线和地址总线。

54．当磁盘处于写保护状态时，磁盘中的数据____。
（A）不能读出，不能删改，也不能写入新数据
（B）可以读出，不能删改，也不能写入新数据
（C）可以读出，不能删改，但可以写入新数据
（D）可以读出，可以删改，但不能写入新数据

参考答案：（B）

知识要点： 当磁盘处于写保护状态时，磁盘中的数据只能读出，不能删改和写入。

55．汇编语言编写的程序在机器内是以____形式表示的。
（A）助记符　　　　　　　　　　（B）二进制编码
（C）ASCⅡ编码　　　　　　　　（D）汉字编码

参考答案：（B）

知识要点： 任何信息在计算机内部都是以二进制形式表示的。

56．使用高级语言编写的程序称之为____。
（A）源程序　　　　　　　　　　（B）主程序
（C）编辑程序　　　　　　　　　（D）编译程序

参考答案：（A）

知识要点： 使用高级语言编写的程序称为源程序。

57．在内存中，每个基本单位都被赋予一个唯一的序号，这个序号称之为____。
（A）存取速度　　　　　　　　　（B）编号
（C）地址　　　　　　　　　　　（D）存储容量

参考答案：（C）

知识要点： 在内存中，每个基本单位都被赋予一个唯一的序号，这个序号称为地址。

58．下列叙述中，正确的是____。
（A）计算机的体积越大，其功能越强
（B）CD-ROM 的容量比硬盘的容量大
（C）存储器具有记忆功能，故其中的信息任何时候都不会丢失
（D）CPU 是中央处理器的简称

参考答案：（D）

知识要点： 正确的表述仅有选项 D，CPU 是中央处理器的简称。

59．对磁盘进行读写操作的单位是____。
（A）柱面　　　（B）磁道　　　（C）字节　　　（D）扇区

参考答案：（D）

知识要点： 对磁盘进行读写操作的单位是扇区。

60．下列叙述中，正确的是____。
（A）内存中存放的是当前正在执行的程序和所需的数据
（B）内存中存放的是当前暂时不用的程序、数据和指令
（C）外存中存放的是当前正在执行的程序和所需的数据
（D）内存中存放的是当前正在使用的指令

参考答案：（A）

知识要点： 只要计算机在运行中，CPU 就会把正在执行的程序和需要运算的数据调到内存中进行运算，当运算完成后 CPU 再将结果传送出来。

61．计算机内存中的数据传送到硬盘的操作称为____。
　　（A）读盘　　　　　（B）写盘　　　　　（C）存盘　　　　　（D）输出

参考答案：（B）

知识要点： 从存储器取数据叫作读盘，将数据传送到存储器叫作写盘。

62．操作系统的主要功能是____。
　　（A）对用户的程序文件和数据进行管理，为用户管理文件提供方便
　　（B）对计算机的所有资源进行统一控制和管理，为用户使用计算机提供方便
　　（C）对计算机的所有软件资源进行统一管理和调配
　　（D）对计算机的所有硬件设备进行统一管理和调配

参考答案：（B）

知识要点： 操作系统的主要作用是管理和控制计算机硬件与软件资源，为用户使用计算机提供方便。

63．下列叙述中，正确的是____。
　　（A）CPU 能直接存取硬盘数据
　　（B）CPU 能直接存取内存储器
　　（C）CPU 由存储器、运算器和控制器组成
　　（D）CPU 主要用来存储程序和数据

参考答案：（B）

知识要点： CPU 能直接存取的是内存储器中的数据。

64．下列叙述中，正确的是____。
　　（A）高级语言的编译系统是应用软件
　　（B）用机器语言编写的程序可读性最差
　　（C）机器语言比汇编语言直接明了
　　（D）计算机能直接识别并执行用高级语言编写的程序

参考答案：（B）

知识要点： 机器语言是由二进制 0、1 代码构成，是唯一能被计算机直接识别的语言。由于机器语言是一组 0 和 1 组成的字符串，所以难编写、难修改、难维护，程序可读性差。

65．下列设备中，完全属于输出设备的一组是____。
　　（A）绘图仪、键盘、显示器　　　　　（B）绘图仪、键盘、扫描仪
　　（C）打印机、显示器、绘图仪　　　　（D）打印机、显示器、条码阅读器

参考答案：（C）

知识要点： 键盘、扫描仪、条码阅读器属于输入设备，显示器、打印机、绘图仪属于输出设备。

66．下列叙述中，错误的是____。
　　（A）内存储器 RAM 中主要存储当前正在运行的程序和数据
　　（B）高速缓冲存储器（Cache）一般采用 DRAM 构成
　　（C）外部存储器（如硬盘）用来存储必须永久保存的程序和数据

（D）存储在 RAM 中的信息会因断电而全部丢失

参考答案：（B）

知识要点：Cache 一般采用 SRAM 实现，因为 SRAM 比 DRAM 存取速度快而容量有限。

67．下列叙述中，正确的说法是____。
（A）编译程序、解释程序和汇编程序不是系统软件
（B）故障诊断程序、人事管理系统属于应用软件
（C）操作系统、财务管理程序都不是应用软件
（D）操作系统和各种程序设计语言的处理程序都是系统软件

参考答案：（D）

知识要点：系统软件一般包括操作系统、语言处理程序、数据库管理系统。

68．在计算机市场上，用户可挑选来自不同厂家生产的组件来组装成一台完整的电脑，体现了计算机组件具有____。
（A）适应性　　　　　　　　　　（B）包容性
（C）兼容性　　　　　　　　　　（D）多样性

参考答案：（C）

知识要点：计算机组件具有兼容性。

69．在计算机上插 U 盘的接口通常是____标准接口。
（A）UPS　　　（B）USP　　　（C）UBS　　　（D）USB

参考答案：（D）

知识要点：插 U 盘的接口是 USB 接口。

70．关于计算机的工作原理，下列叙述不正确的是____。
（A）计算机的工作原理是在 1945 年提出来的
（B）计算机的工作原理是由图灵提出来的
（C）计算机的工作原理是存储程序控制原理
（D）计算机的工作原理中提到采用二进制形式表示指令和数据

参考答案：（B）

知识要点：计算机的工作原理是冯·诺依曼提出来的。

71．计算机所具有的存储程序和程序原理是____提出来的。
（A）图灵　　　　　　　　　　（B）瓦特
（C）冯·诺依曼　　　　　　　　（D）莫克利

参考答案：（C）

知识要点：计算机的基本原理是存储程序控制原理，这一原理最初是由美籍匈牙利数学家冯·诺依曼于 1945 年提出来的，故称为冯·诺依曼原理。

72．计算机之所以能实现自动连续运算，是由于采用了____。
（A）运算器　　　　　　　　　　（B）存储程序原理
（C）电子元件　　　　　　　　　（D）集成电路

参考答案：（B）

知识要点：计算机的工作原理叫作存储程序原理。

73．微机的性能主要是由____决定的。
（A）CPU　　　　　　　　　　　（B）能耗

(C) 使用的软件 (D) 价格

参考答案：（A）

知识要点：微机的性能主要是由 CPU 决定的。

74. 下列有关计算机性能的描述中，不正确的是____。
    (A) 一般来说主频越高，速度越快
    (B) 内存容量越大，处理能力越强
    (C) 处理器配置越高，计算机性能越好，其它不重要
    (D) 多核处理器的问世，大大提高了计算机多任务处理的性能

参考答案：（C）

知识要点：计算机的性能好坏主要通过机器字长、时钟频率、内存容量、运算速度等几个指标来衡量。

75. 下列说法正确的是____。
    (A) 存储器具有记忆能力，任何时候其中的信息都不会丢失
    (B) 在微机性能中，CPU 的主频越高，其运算速度越快
    (C) 我们通常用鼠标作为输入设备就够了
    (D) 显示器的显示效果是由其尺寸决定的

参考答案：（B）

知识要点：主频又称为时钟频率，是微型计算机性能的一个重要指标，它的高低一定程度上决定了计算机速度的快慢。

76. 计算机的主要性能指标是指____。
    (A) CPU 的型号、显示器的分辨率、存储器的容量
    (B) CPU 的型号、内存的容量、外存的容量
    (C) 运算器、控制器、存储器、I/O 设备
    (D) 字长、运算速度、存储容量、时钟频率

参考答案：（D）

知识要点：计算机的主要性能指标包括字长、时钟频率、运算速度和存储容量。

77. 下列选项属于软件的是____。
    (A) 主机 (B) 键盘
    (C) 显示器 (D) 操作系统

参考答案：（D）

知识要点：操作系统属于系统软件。

78. 下列 4 种软件中不属于应用软件的是____。
    (A) Word 2010 (B) 腾讯 QQ
    (C) 学籍管理系统 (D) C 语言编译程序

参考答案：（D）

知识要点：C 语言编译程序属于语言处理程序，语言处理程序是系统软件。

79. 下列有关软件的描述中，说法不正确的是____。
    (A) 软件就是数据、程序以及有关文档的集合
    (B) 没有安装任何软件的计算机称为裸机
    (C) 应用软件必须在操作系统的支撑下才能安装运行

(D）通常软件安装得越多，计算机的性能就越好

参考答案：（D）

知识要点：计算机的性能优越不是由安装软件的数量决定的。

80．下面____不是应用软件。
（A）文字处理软件 （B）表格处理软件
（C）图形图像处理软件 （D）数据库管理系统

参考答案：（D）

知识要点：数据库管理系统是系统软件。

81．学校常用的教务管理系统是一种____。
（A）系统软件 （B）工具软件
（C）应用软件 （D）编译软件

参考答案：（C）

知识要点：学校常用的教务管理系统是一种应用软件。

82．计算机系统的软件是指所使用的____。
（A）各种程序的集合 （B）各种数据的集合
（C）各种指令的集合 （D）各种数据、程序和文档资料的集合

参考答案：（D）

知识要点：计算机系统的软件是指各种数据、程序和文档资料的集合。

83．操作系统是____。
（A）硬件与软件的接口 （B）主机与外设的接口
（C）计算机与用户的接口 （D）CPU 与存储器的接口

参考答案：（C）

知识要点：操作系统是用户和计算机的接口。

84．下列软件中不属于应用软件的是____。
（A）资助管理系统 （B）教务管理系统
（C）学籍管理系统 （D）编译程序

参考答案：（D）

知识要点：编译程序属于系统软件。

85．计算机的操作系统通常具有的五大功能，它们是____。
（A）处理器管理、内存管理、外存管理、输入设备管理、输出设备管理
（B）硬盘管理、内存管理、CPU 管理、显示器管理和键盘管理
（C）处理器管理、存储管理、文件管理、设备管理和作业管理
（D）输入管理、存储管理、处理管理、作业管理、显示管理

参考答案：（C）

知识要点：操作系统通常具有的五大功能是处理器管理、存储管理、设备管理、作业管理和文件管理。

86．常见的操作系统有____。
（A）Windows （B）Unix
（C）Linux （D）全部都是

参考答案：（D）

知识要点：常见的操作系统有：Windows、Unix、Linux、Mac OS 等。

87．Windows 10 是一种____。
（A）数据库软件　　　　　　　　　（B）应用软件
（C）系统软件　　　　　　　　　　（D）中文字处理软件

参考答案：（C）

知识要点：操作系统（Operating System，简称 OS）是管理和控制计算机硬件与软件资源的计算机程序，是直接运行在"裸机"上的最基本的系统软件，任何其它软件都必须在操作系统的支持下才能运行。

88．操作系统具体管理功能分为____。
（A）处理机管理、存储管理　　　　（B）文件管理、设备管理
（C）作业管理　　　　　　　　　　（D）A、B、C 全部都是

参考答案：（D）

知识要点：操作系统是用户和计算机的接口，为用户提供良好的人机交互平台和界面。其具体管理功能分为处理机管理、存储管理、文件管理、设备管理和作业管理。

89．永久删除文件或文件夹的方法是____。
（A）直接拖进回收站　　　　　　　（B）按住 Alt 键拖进回收站
（C）按 Shift+Delete 组合键　　　　（D）右击对象，选择"删除"

参考答案：（C）

知识要点：按 Shift+Delete 组合键可以完成永久删除，不用经过回收站。其它操作只能完成逻辑删除，并不是真正删除。

90．用鼠标不可以完成的操作是____。
（A）设置快捷键　　　　　　　　　（B）复制
（C）移动　　　　　　　　　　　　（D）粘贴

参考答案：（A）

知识要点：用鼠标不可以完成设置快捷键的操作。

91．Windows 10 中，被放入回收站中的文件仍然占用____。
（A）硬盘空间　　　　　　　　　　（B）内存空间
（C）软盘空间　　　　　　　　　　（D）光盘空间

参考答案：（A）

知识要点：Windows 10 中，被放入回收站中的文件，只是逻辑上的删除，并没有真正删除，仍然占用硬盘空间。

92．在 Windows10 中，要把 C 盘上的某个文件夹或文件移到 D 盘上，用鼠标操作时应该____。
（A）直接拖动　　　　　　　　　　（B）双击
（C）Shift+拖动　　　　　　　　　（D）Ctrl+拖动

参考答案：（C）

知识要点：选中 C 盘上的某个文件夹，直接拖动是移动并复制，双击是打开，Ctrl+拖动是复制，Shift+拖动是移动。

93．在 Windows 10 中删除某文件的快捷键方式图标，表示____。
（A）既删除了图标，又删除该文件

(B）只删除了文件的快捷方式而没有删除该文件
(C）隐藏了文件，删除了与该文件的联系
(D）将图标存放在剪贴板上，同时删除了与该文件的联系

参考答案：（B）

知识要点：在 Windows 10 中删除某文件的快捷键方式图标，并没有删除该文件，文件仍然存放在对应位置。

94．Windows10 中，选定多个连续的文件或文件夹，应首先选定第一个文件或文件夹，然后按____键，单击最后一个文件或文件夹。

(A）Tab　　　　　(B）Alt　　　　　(C）Shift　　　　　(D）Ctrl

参考答案：（C）

知识要点：在 Windows 中，对文件或文件夹进行操作之前，必须先选定文件或文件夹。选定的文件或文件夹的名字表现为深色加亮。选定多个文件或文件夹，单击要选定的第 1 个文件或文件夹，按下 Shift 键，单击最后一个文件或文件夹，也可以用鼠标拖动进行框选。

95．在 Windows 10 中已经选定了若干文件和文件夹，用鼠标操作来添加或取消某一个选定，需配合的键为____。

(A）Alt　　　　　(B）Esc　　　　　(C）Ctrl　　　　　(D）Shift

参考答案：（C）

知识要点：选定或取消多个非连续的文件或文件夹，按下 Ctrl 键单击要选的每一个文件或文件夹。

96．当选定文件或文件夹后，按 Shift+Delete 键的结果是____。

(A）删除选定对象并放入回收站
(B）对选定的对象不产生任何影响
(C）选定对象不放入回收站而直接删除
(D）恢复被选定对象的副本

参考答案：（C）

知识要点：Shift+Delete 组合键完成的是永久删除，文件不会进入回收站中，无法恢复，删除文件时需要慎重考虑。

97．在 Windows 10 操作系统中，新建文件夹的正确做法是：在右窗格的空白区域____。

(A）单击鼠标左键，在弹出的菜单中选择"新建→文件夹"
(B）单击鼠标右键，在弹出的菜单中选择"新建→文件夹"
(C）双击鼠标左键，在弹出的菜单中选择"新建→文件夹"
(D）三击鼠标左键，在弹出的菜单中选择"新建→文件夹"

参考答案：（B）

知识要点：通过快捷方式新建文件夹，单击鼠标右键，在弹出的菜单中选择"新建→文件夹"，可以完成文件夹的创建。

98．下列快捷键不会用到剪贴板的是____。

(A）Ctrl+V　　　　　　　　　　　(B）Ctrl+X
(C）Ctrl+C　　　　　　　　　　　(D）Ctrl+A

参考答案：（D）

知识要点：Ctrl+A 组合键是全选，不会将记录存放在剪贴板。

99. 更改文件属性在菜单栏中的____选项。
（A）主页　　　　（B）编辑　　　　（C）查看　　　　（D）工具

参考答案：（A）

知识要点： 查看或更改文件属性通过菜单完成，选择"主页→属性"，或者右击文件，在弹出的快捷菜单中选择属性。

2.4 计算机病毒及其预防

2.4.1 知识点分析

计算机病毒主要包括了计算机病毒的定义、特征、分类。计算机病毒主要通过移动存储介质和计算机网络两大途径进行传播，对计算机病毒最好的预防措施就是要求用户养成良好的使用计算机的习惯。

2.4.2 习题及解析

1. 计算机病毒是指____。
   （A）能传染给用户的病毒　　　　（B）已感染病毒的磁盘
   （C）能让计算机系统瘫痪的设备　　（D）具有破坏性的计算机程序

参考答案：（D）

知识要点： 计算机病毒是指具有破坏性的计算机程序。

2. 以下不是预防计算机病毒的措施的是____。
   （A）建立备份　　　　　　　　　（B）使用防病毒软件
   （C）不上网　　　　　　　　　　（D）不随意使用外存储器

参考答案：（C）

知识要点： 建立备份、使用防病毒软件、不随意使用外存储器、谨慎使用网上数据和程序等都是预防计算机病毒的有效措施。

3. 下列关于计算机的叙述中，正确的一条是____。
   （A）安装在机箱内的是主机，安装在机箱外的是外部设备
   （B）谨慎使用网上数据和程序是预防病毒的手段之一
   （C）第三代计算机是晶体管计算机
   （D）CAT 就是计算机辅助设计的英文缩写

参考答案：（B）

知识要点： 浏览网页、下载文件要选择正规网站，不随意下载网上资料，谨慎使用网上数据和程序是预防病毒的手段之一。

4. 以下关于病毒的描述中，正确的说法是____。
   （A）只要不上网，就不会感染病毒
   （B）只要安装了杀毒软件，就不会感染病毒
   （C）计算机病毒其实就是电脑感染的一种生物病毒
   （D）预防计算机病毒除了通过安装软件的途径还能通过硬件方式解决

参考答案：（D）

知识要点：预防计算机病毒除了通过安装软件的途径还能通过硬件方式解决。

5．以下有关计算机病毒的描述，不正确的是____。
（A）计算机感染后马上就会爆发
（B）传播速度快
（C）有些病毒需要一定条件才会被触发
（D）具有潜伏性

参考答案：（A）

知识要点：有些计算机病毒具有潜伏性，感染后并不会马上爆发，需要一定条件才会被触发。

6．文件型病毒传染的主要对象是____。
（A）Microsoft Office 文件　　　　（B）系统文件
（C）文本文件　　　　　　　　　　（D）.EXE 和.COM 文件

参考答案：（D）

知识要点：文件型病毒主要感染扩展名为.COM、.EXE、.DRV、.BIN、.OVL、.SYS 等可执行文件。

7．下面列出的四项中，不属于计算机病毒特征的是____。
（A）潜伏性　　　　　　　　　　　（B）激发性
（C）传染性　　　　　　　　　　　（D）多样性

参考答案：（D）

知识要点：计算机病毒具有传染性、破坏性、潜伏性、隐蔽性、可激发性的特点。

8．下列不能对计算机病毒起到防治作用的一项是____。
（A）瑞星　　　　　　　　　　　　（B）诺顿
（C）WPS　　　　　　　　　　　　（D）防病毒卡

参考答案：（C）

知识要点：WPS 是文字处理软件，不是防病毒软件。

9．下面列出选项中，不可能使计算机感染病毒的是____。
（A）使用来路不明的软件　　　　　（B）通过借用他人的 U 盘
（C）通过网上下载数据　　　　　　（D）通过把多张磁盘叠放在一起

参考答案：（D）

知识要点：多种磁盘叠放在一起并不会感染病毒。

10．计算机病毒主要是造成____破坏。
（A）存储器　　　　　　　　　　　（B）显示器
（C）中央处理器　　　　　　　　　（D）程序和数据

参考答案：（D）

知识要点：病毒主要破坏计算机中的程序和数据。

11．发现病毒后，比较彻底的清除方式是____。
（A）安装防病毒卡　　　　　　　　（B）用杀毒软件处理
（C）删除磁盘文件　　　　　　　　（D）格式化磁盘

参考答案：（D）

知识要点：计算机感染病毒后，用反病毒软件进行查杀，都难以保证病毒被清除干净，最彻底的消除病毒的方法就是对磁盘进行格式化。

12．计算机病毒是指能够侵入计算机系统，并在计算机系统中潜伏、传播、破坏系统正常工作的一种具有繁殖能力的____。

（A）流行性病毒　　　　　　　　（B）程序代码
（C）特殊微生物　　　　　　　　（D）源程序

参考答案：（B）

知识要点： 计算机病毒指编制者在计算机程序中插入的破坏计算机功能或者破坏数据，影响计算机使用并且能够自我复制的一组计算机指令或者程序代码。

13．为了防治计算机病毒，应采取的正确措施之一是____。

（A）每天都要对硬盘和软盘进行格式化
（B）必须备有常用的杀毒软件
（C）从不用他人的磁盘
（D）不在网上下载资料和程序

参考答案：（B）

知识要点： 预防病毒的有效措施之一是使用防病毒软件。

2.5 计算机网络基础知识

2.5.1 知识点分析

计算机网络是利用通信线路将地理上分散的、具有独立功能的计算机系统和通信设备按不同的形式连接起来，以功能完善的网络软件及协议实现资源共享和数据通信的系统。它的主要功能是实现计算机之间的资源共享和数据通信。按照网络覆盖的地理位置可分为局域网（LAN）、广域网（WAN）和城域网（MAN）。常见的网络拓扑结构主要有星型、总线型、环型、树型、网状型。计算机网络系统的组成包括网络硬件部分和网络软件部分。

Internet 即因特网，也叫国际互联网，它是一个开放的、互联的遍及全世界的计算机网络系统。

2.5.2 习题及解析

1．计算机网络是指____。
（A）能共享软硬件资源的计算机系统
（B）能实现相互通信的计算机系统
（C）把分布在不同地点的多台计算机互联起来构成的计算机系统
（D）把分布在不同地点的多台计算机在物理上实现互联，按照网络协议实现相互间的通信，共享硬件、软件和数据资源为目标的计算机系统

参考答案：（D）

知识要点： 计算机网络就是把分布在不同地理区域的计算机互联成一个规模大、功能强的系统，从而使众多的计算机可以方便地互相传递信息，共享硬件、软件、数据信息等资源。

2．计算机网络技术包含计算机技术和____。
（A）电子技术　　　　　　　　　　（B）通信技术

（C）无线电技术　　　　　　　　　（D）自动化技术

参考答案：（B）

知识要点： 计算机网络技术主要包括两个方面的技术：一是计算机技术，二是通信技术。

3．计算机网络是一个____系统。

（A）管理信息系统　　　　　　　　（B）数据库管理系统

（C）程序编译系统　　　　　　　　（D）在协议控制下的多机互联系统

参考答案：（D）

知识要点： 根据计算机网络的定义，计算机网络是一个在协议控制下的多机互联系统。

4．计算机网络的目标是实现____。

（A）数据处理　　　　　　　　　　（B）查找资料

（C）数据通信和资源共享　　　　　（D）信息通信

参考答案：（C）

知识要点： 计算机网络的主要功能是实现计算机之间的资源共享和数据通信。

5．下列计算机网络不是按覆盖地域划分的是____。

（A）局域网　　　　　　　　　　　（B）校园网

（C）广域网　　　　　　　　　　　（D）环型网

参考答案：（D）

知识要点： 计算机网络按照覆盖地域分为局域网、城域网、广域网。按照拓扑结构分为总线型、环型、星型、树形、网状型。

6．从用途来看，计算机网络可分为专用网和____。

（A）广域网　　　　　　　　　　　（B）分布式系统

（C）公用网　　　　　　　　　　　（D）互联网

参考答案：（C）

知识要点： 从用途来看，计算机网络可分为专用网和公用网。

7．一般情况下，校园网属于____。

（A）局域网　　　　　　　　　　　（B）广域网

（C）城域网　　　　　　　　　　　（D）因特网

参考答案：（A）

知识要点： 局域网是连接近距离计算机的网络，覆盖范围从几米到数公里。例如办公室或实验室的网、校园网等。

8．下列关于局域网特点的叙述中，不正确的是____。

（A）局域网的覆盖范围有限

（B）误码率高

（C）有较高的传输速率

（D）相对于广域网易于建立、管理、维护和扩展

参考答案：（B）

知识要点： 局域网数据传输速率较高、误码率较低，易于建立、维护和扩展。

9．计算机网络按拓扑结构分，可以分为____结构等。

（A）局域网、城域网、广域网　　　（B）有线网、无线网

（C）网状网、环型网、星型网　　　（D）专用网、通用网

参考答案：（C）

知识要点： 计算机网络按拓扑结构分，可以分为总线型、星型、环型、网状型、树型。

10．对于任意结点出现故障都会造成网络瘫痪的网络拓扑结构是____。
   （A）总线型拓扑结构
   （B）星型拓扑结构
   （C）环型拓扑结构
   （D）树型拓扑结构

参考答案：（C）

知识要点： 环型网中任意结点出现故障都会造成网络瘫痪，另外故障诊断也较困难。

11．计算机网络能传送的信息是____。
   （A）文本和图像信息
   （B）只有文本信息
   （C）除声音外的所有信息
   （D）文本、图像、声音等所有多媒体信息

参考答案：（D）

知识要点： 计算机网络能传送的信息包括文本、声音、图像等所有多媒体信息。

12．有关网络叙述正确的是____。
   （A）2.302.23.233 是一个合格的 IP 地址
   （B）Internet Explore 是一个电子邮件收发软件
   （C）网页中文字、图片对网页浏览速度的影响是一致的
   （D）在因特网中有些专门帮助用户快速查找到自己所需内容的，称为搜索引擎

参考答案：（D）

知识要点： 帮助用户快捷查找自己所需内容的称为搜索引擎。

13．我们通常所说的"网络黑客"，他们的行为主要是____。
   （A）在网上发布不健康信息
   （B）制造并传播病毒
   （C）攻击并破坏 Web 网站
   （D）破坏计算机系统和数据

参考答案：（C）

知识要点： 黑客主要的行为是破坏和攻击 Web 网站。

14．下面关于网络拓扑结构的说法中正确的是____。
   （A）局域网的网络拓扑结构一般有星型、总线型、环型三种
   （B）网络上所有设备都连接到一个公共线路上，这是环型结构
   （C）每种网络只能包含一种网络拓扑结构
   （D）网络上只要有一个结点故障就可能会使整个网络瘫痪的网络结构是星型

参考答案：（A）

知识要点： 局域网的网络拓扑结构一般有星型、总线型、环型三种。网络上所有设备都连接到一个公共线路上是总线型结构。每个网络可能不只包含一种网络拓扑结构。网络上只要有一个结点故障就可能会使整个网络瘫痪的网络结构是环型结构。

15．和广域网相比，局域网____。
   （A）有效性好但可靠性差
   （B）有效性差但可靠性高
   （C）有效性好且可靠性也高
   （D）有效性差且可靠性也差

参考答案：（C）

知识要点： 与广域网相比，局域网有效性好且可靠性也高。

16. 在地理上局限在较小范围，属于一个部门或单位组建的网络属于____。
    （A）WAN　　　　　（B）Internet　　　　　（C）LAN　　　　　（D）MAN

    参考答案：（C）

    知识要点：在地理上局限在较小范围，属于一个部门或单位组建的网络属于局域网 LAN。

17. 在计算机网络上必须做到____。
    （A）在 Internet 上要随意发表各种言论，知无不言，言无不尽
    （B）要学会寻找和进入他人的计算机，查找有用的信息资源
    （C）要学会如何利用有价值的信息资源来学习和发展自己
    （D）要充分运用网络资源，最大限度地使用所有的信息

    参考答案：（C）

    知识要点：要学会如何利用有价值的信息资源来学习和发展自己。

18. 以下关于网络的说法错误的是____。
    （A）将两台电脑用网线连在一起就是一个网络
    （B）计算机网络的发展大致经历了四个阶段
    （C）计算机网络有数据通信、资源共享等功能
    （D）上网时我们享受的服务不只是眼前的电脑提供的

    参考答案：（A）

    知识要点：计算机网络硬件部分应包括服务器、客户端、网线、网络设备等。

19. 目前网络有线传输介质中传输速率最高的是____。
    （A）双绞线　　　　　　　　　　　（B）电话线
    （C）光缆　　　　　　　　　　　　（D）同轴电缆

    参考答案：（C）

    知识要点：有线传输介质中传输速率最高的是光缆。

20. 网络可以通过无线的方式进行联网，以下不属于无线传输介质的是____。
    （A）光纤　　　　　　　　　　　　（B）无线电波
    （C）微波　　　　　　　　　　　　（D）红外线

    参考答案：（A）

    知识要点：光纤是有线传输介质。无线传输介质主要有微波、红外线、无线电波。

21. 下列不属于网络传输介质的是____。
    （A）双绞线　　　　　　　　　　　（B）网卡
    （C）同轴电缆　　　　　　　　　　（D）红外线

    参考答案：（B）

    知识要点：网卡是网络设备，不是网络传输介质。

22. 双绞线是两根导线扭绞在一起，其目的是____。
    （A）易辨认　　　　　　　　　　　（B）使电磁干扰减到最小
    （C）加快数据传输速度　　　　　　（D）降低成本

    参考答案：（B）

    知识要点：为了降低信号的干扰程度，将两根绝缘铜导线相互扭绕在一起形成双绞线。

23. 网卡的正式名称是____。
    （A）网络连接卡　　　　　　　　　（B）集线器

　　　　（C）网络匹配卡　　　　　　　　　　（D）网络适配器

参考答案：（D）

知识要点： 网卡又叫网络适配器，也叫网络接口卡。

24．将局域网接入广域网或将处于不同位置的局域网通过广域网互联起来的网络设备是____。

　　　　（A）交换机　　　　　　　　　　　　（B）网卡
　　　　（C）集线器　　　　　　　　　　　　（D）路由器

参考答案：（D）

知识要点： 路由器是将局域网接入广域网或将处于不同位置的局域网通过广域网互联起来的网络设备。

25．普通局域网的网络硬件主要包括服务器、客户端、网卡和____。

　　　　（A）网络拓扑结构　　　　　　　　　（B）网络操作系统
　　　　（C）传输介质　　　　　　　　　　　（D）网络协议

参考答案：（C）

知识要点： 网络的硬件通常包括服务器、客户端、网络设备和传输介质。

26．组建一个典型的小型局域网时，除了需要网络服务器、个人计算机、网间连接器、网线等设备外，还必须有的硬件是____。

　　　　（A）无线接收装置　　　　　　　　　（B）卫星地面站
　　　　（C）网络接口卡　　　　　　　　　　（D）网络交换设备

参考答案：（C）

知识要点： 还必须有网络适配器也叫网络接口卡，简称网卡。

27．建立一个计算机网络需要网络硬件设备和____。

　　　　（A）通信子网　　　　　　　　　　　（B）资源子网
　　　　（C）网络操作系统、网络协议　　　　（D）传输介质

参考答案：（C）

知识要点： 一个计算机网络应包括网络硬件和网络软件，网络软件主要有网络操作系统和网络协议。

28．____像一个多端口中继器，它的每个端口都具有发送和接收数据的功能。

　　　　（A）交换机　　　　　　　　　　　　（B）网卡
　　　　（C）集线器　　　　　　　　　　　　（D）路由器

参考答案：（C）

知识要点： 集线器在功能上跟中继器一样，所以又被看作是一种多端口的中继器。

29．以下不属于网络协议的有____。

　　　　（A）HTTP　　　　　　　　　　　　　（B）FTP
　　　　（C）TCP/IP　　　　　　　　　　　　（D）HTML

参考答案：（D）

知识要点： HTML 是超文本标记语言，主要用于制作网页。

30．关于网络协议，下列选项中正确的是____。

　　　　（A）网络协议就是网民们上网前签订的协议
　　　　（B）协议，简单地说就是为了网络信息传递，共同遵守的约定

（C）TCP/IP 协议是一个协议，它只能用于 Internet
（D）TCP/IP 协议采用 7 层层级结构

参考答案：（B）

知识要点： 网络协议是指为计算机网络中进行数据交换而建立的规则、标准或约定的集合。

31．对于网络协议，下面说法正确的是____。
（A）WWW 浏览器使用的应用协议是 IPX/SPX 协议
（B）我们所说的 TCP/IP 协议就是指传输控制协议
（C）Internet 网络协议是 TCP/IP 协议
（D）没有网络协议，网络中也能实现可靠地传输数据

参考答案：（C）

知识要点： Internet 最基本的协议是 TCP/IP 协议。

32．国际标准化组织（ISO）在 1978 年提出了"开放系统互联参考模型"，它的最底层是____。
（A）传输层   （B）网络层
（C）物理层   （D）应用层

参考答案：（C）

知识要点： 开放系统互联参考模型自下而上依次为：物理层、数据链路层、网络层、传输层、会话层、表示层、应用层。

33．网络协议由三个部分组成，分别是____。
（A）主机号、网络号、IP 地址   （B）语义、语法、交换规则
（C）要求、标准、法则   （D）语义部分、语法部分、说明部分

参考答案：（B）

知识要点： 网络协议由 3 个要素组成：语法、语义和交换规则。

34．当前世界上使用最多，覆盖面最大的网络，叫作____。
（A）Intranet   （B）Internet
（C）ARPANET   （D）LAN

参考答案：（B）

知识要点： Internet 把全世界各个地方已有的各种网络互联，组成一个更大的跨越国界范围的庞大的互联网，是目前使用人数最多的网络。

35．Internet 上不同类型的网络或计算机之间能够互相通信的基础是____。
（A）FTP   （B）WWW
（C）HTTP   （D）TCP/IP

参考答案：（D）

知识要点： TCP/IP 协议是 Internet 的基础。

36．下面关于因特网中的信息资源描述不正确的是____。
（A）因特网起源于美国，因特网上的英文信息资源占大多数
（B）因特网上也有不少不良信息，在某些领域甚至成了犯罪分子的乐园
（C）在因特网中发表信息资源时要对自己所发表的言论负责，做到言之有据、合理合法
（D）因特网上的信息资源大家可以随意使用，充分享受因特网带来的好处

参考答案：（D）

知识要点：因特网上的信息资源应有选择性地使用。

37．关于 Internet 的概念叙述错误的是____。

（A）Internet 可以实现全球范围信息传输

（B）Internet 可以实现网络资源共享

（C）在中国称为因特网

（D）Internet 是局域网的一种

参考答案：（D）

知识要点：Internet 是一种广域网。

38．下列内容中，不属于 Internet 提供的基本服务的是____。

（A）电子邮件　　　　　　　　　（B）文件传输

（C）远程登录　　　　　　　　　（D）搜索引擎

参考答案：（D）

知识要点：Internet 提供的基本服务主要有 WWW、文件传输、电子邮件、远程登录、BBS。

39．Internet 上每台计算机有一个规定的地址标识，这个地址被称为____地址。

（A）TCP　　　　（B）IP　　　　（C）Web　　　　（D）E-mail

参考答案：（B）

知识要点：为了实现 Internet 上不同计算机之间正常通信，需要给每台计算机指定一个不与其它计算机重复的唯一的地址标识，这个地址称为 IP 地址。

40．IP 地址是由____二进制数组成。

（A）8 位　　　　（B）16 位　　　　（C）32 位　　　　（D）128 位

参考答案：（C）

知识要点：IP 地址是由 32 位二进制数组成。

41．下列关于 IP 的说法错误的是____。

（A）IP 地址由网络号和主机号组成

（B）IP 地址由 32 位二进制数组成

（C）为了节约资源，IP 地址是可以重复使用的

（D）IP 地址通常用四个十进制数表示

参考答案：（C）

知识要点：IP 地址用来唯一地标识 Internet 上的各个网络实体，不能重复使用。

42．IP 地址规定用____。

（A）四组 8 位二进制数表示，每组数字之间用"—"号分隔。

（B）四组 32 位二进制数表示，每组数字之间用"."分隔。

（C）四组十进制数表示，每组数字之间用"—"分隔。

（D）四组十进制数表示，每组数字之间用"."分隔。

参考答案：（D）

知识要点：IP 地址用"."隔开四组十进制的形式来表示。

43．下列关于 IP 地址的说法中错误的是____。

（A）一个 IP 地址只能标识网络中的唯一的一台计算机

（B）IP 地址一般 32 位二进制表示

(C）地址 128.106.258.36 是一个 A 类 IP 地址

(D）同一个网络中不能有两台计算机的 IP 地址相同

参考答案：（C）

知识要点：地址 128.106.258.36 是一个非法的 IP 地址。

44．IP 地址为 190.204.120.32 的地址是＿＿类地址。

　　（A）C　　　　　（B）B　　　　　（C）D　　　　　（D）A

参考答案：（B）

知识要点：A 类 IP 地址取值范围为 0.0.0.0～127.255.255.255，B 类 IP 地址取值范围为 128.0.0.0～191.255.255.255，C 类 IP 地址取值范围为 192.0.0.0～223.255.255.255。IP 地址 190.204.120.32 是一个 B 类地址。

45．下列 IP 地址错误的是＿＿。

　　（A）0.0.0.0　　　　　　　　　　（B）256.115.0.1

　　（C）192.168.0.33　　　　　　　（D）255.255.255.255

参考答案：（B）

知识要点：IP 地址每个数的取值范围为 0～255 之间的十进制整数。

46．关于因特网中主机的 IP 地址，叙述不正确的是＿＿。

　　（A）IP 地址是网络中计算机的地址标识

　　（B）IP 地址可以随便指定，只要和别的主机 IP 地址不同就行

　　（C）主机的 IP 地址必须是全球唯一的

　　（D）IP 地址可以用点分十进制法来表示

参考答案：（B）

知识要点：IP 地址由各级 Internet 管理组织进行分配。

47．当前普遍使用的 IP 地址的版本是＿＿。

　　（A）IPv3　　　　（B）IPv4　　　　（C）IPv5　　　　（D）IPv6

参考答案：（B）

知识要点：当前普遍使用的 IP 地址的版本是 IPv4。

48．Internet 是一种＿＿。

　　（A）局域网　　　　　　　　　　（B）城域网

　　（C）广域网　　　　　　　　　　（D）企业网

参考答案：（C）

知识要点：Internet 是一种广域网。

49．Internet 起源于＿＿。

　　（A）中国　　　　（B）英国　　　　（C）美国　　　　（D）法国

参考答案：（C）

知识要点：Internet 最早来源于美国国防部高级研究计划局 DARPA 的前身 ARPA 建立的 ARPANET。

50．互联网上的 WWW 服务基于＿＿协议。

　　（A）TCP/IP　　　（B）SMTP　　　（C）HTTP　　　（D）FTP

参考答案：（C）

知识要点：互联网上的 WWW 服务基于超文本传输（HTTP）协议。

51．WWW 是____的缩写。
   （A）Web Wide World　　　　　　（B）Wide World Web
   （C）Wan Wei Wang　　　　　　　（D）World Wide Web
   参考答案：（D）
   知识要点： WWW 是 World Wide Web 的缩写。

52．www.cqcu.com.cn 表示一个网站的____。
   （A）IP 地址　　　　　　　　　　（B）主页
   （C）域名　　　　　　　　　　　（D）邮件地址
   参考答案：（C）
   知识要点： 域名采用层次结构，各层次之间用"."隔开，从左至右分别是主机名….二级域名.顶级域名。如 www.baidu.com。

53．在 Internet 的域名中，代表计算机所在国家或地区的符号"au"是指____。
   （A）中国　　　　　　　　　　　（B）澳大利亚
   （C）香港　　　　　　　　　　　（D）加拿大
   参考答案：（B）
   知识要点： 国家和地区顶级域名按照 ISO 国家代码进行分配，例如中国是"cn"，日本是"jp"，美国是"us"，澳大利亚是"au"等。

54．网址开头的"http"表示____。
   （A）WWW 服务　　　　　　　　（B）域名
   （C）超文本传输协议　　　　　　（D）文件传输协议
   参考答案：（C）
   知识要点： HTTP 表示超文本传输协议（Hyper Text Transfer Protocol）。

55．域名中的顶级域名"mil"表示机构所属类型为____。
   （A）军事机构　　　　　　　　　（B）政府机构
   （C）教育机构　　　　　　　　　（D）商业机构
   参考答案：（A）
   知识要点： 通用顶级域名中，"mil"表示军事机构。

56．域名中的顶级域名"com"表示机构所属类型为____。
   （A）军事机构　　　　　　　　　（B）政府机构
   （C）教育机构　　　　　　　　　（D）商业机构
   参考答案：（D）
   知识要点： 通用顶级域名中，"com"表示商业机构。

57．域名中的顶级域名"edu"表示机构所属类型为____。
   （A）军事机构　　　　　　　　　（B）政府机构
   （C）教育机构　　　　　　　　　（D）商业机构
   参考答案：（C）
   知识要点： 通用顶级域名中，"edu"表示教育机构。

58．域名中的顶级域名"gov"表示机构所属类型为____。
   （A）军事机构　　　　　　　　　（B）政府机构
   （C）教育机构　　　　　　　　　（D）商业机构

参考答案：（B）

知识要点： 通用顶级域名中，"gov"表示政府机构。

59．我国政府部门要建立网站，其域名的后缀应表示为____。
　　（A）gov.au　　　（B）gov.cn　　　（C）com.au　　　（D）com.cn

参考答案：（B）

知识要点： 表示政府机构的顶级域名是"gov"，中国的顶级域名是"cn"。

60．http://www.service.com.cn 代表国家区域名的是____。
　　（A）www　　　（B）service　　　（C）com　　　（D）cn

参考答案：（D）

知识要点： 国家区域名中 cn 代表中国。

61．下列域名中，代表非营利组织的是____。
　　（A）org　　　（B）web　　　（C）mil　　　（D）net

参考答案：（A）

知识要点： 通用顶级域名中，"org"代表非营利性组织。

62．从 http://www.huagong.edu.uk 这个网址中，我们可以看出它代表了____。
　　（A）一个美国的非营利组织　　　（B）一个日本的军事机构
　　（C）一个中国的企业　　　　　　（D）一个英国的教育机构

参考答案：（D）

知识要点： "edu"代表教育机构，"uk"代表英国。

63．域名和 IP 的关系，以下说法正确的是____。
　　（A）域名地址和 IP 地址没有任何联系
　　（B）域名地址和 IP 地址是等价，域名地址便于记忆
　　（C）上网浏览时只有输入域名，才可登录到网站
　　（D）上网浏览只有输入 IP 地址，才可登录到网站

参考答案：（B）

知识要点： 域名的实质就是用一组字符组成的名字代替 IP 地址，域名和 IP 地址是等价的，域名采用人们习惯的方式表示，更便于记忆。

64．DNS 是一个域名系统，其主要功能是____。
　　（A）域名到 IP 地址的转换　　　（B）IP 地址到域名的转换
　　（C）域名和 IP 地址互相转换　　（D）物理地址到域名的转换

参考答案：（A）

知识要点： DNS 的主要功能是实现域名到 IP 地址的转换。

65．因特网中的域名服务器系统负责全网 IP 地址的解析工作，它的优点在于____。
　　（A）我们只需简单地记住一个网站的域名，而不必记 IP 地址
　　（B）IP 地址再也不需要了
　　（C）IP 地址从 32 位的二进制地址缩减为 8 位的二进制地址
　　（D）IP 地址和域名再也没有联系了

参考答案：（A）

知识要点： 有了域名服务器，我们只需要简单地记住一个网站的域名，而不必记 IP 地址。

66．____是目前 Internet 上最方便与最受用户欢迎的信息服务类型。

(A) WWW (B) E-mail (C) FTP (D) Telnet

参考答案：（A）

知识要点： 万维网是目前 Internet 上最方便与最受用户欢迎的信息服务类型。

67．关于 Internet 与 WWW 的关系描述正确的是____。
（A）Internet 与 WWW 都表示互联网，只不过名称不同
（B）WWW 是 Internet 上的一个常用应用功能
（C）Internet 与 WWW 是两个不同的上网工具
（D）WWW 是 Internet 上的一个组成部分

参考答案：（B）

知识要点： WWW 是 Internet 最受欢迎的应用功能。

68．在 IE 地址栏输入的"http://www.cqu.edu.cn/"中，http 代表的是____。
（A）协议 （B）主页
（C）地址 （D）服务器

参考答案：（A）

知识要点： HTTP 代表超文本传输协议。

69．网页上的信息是由____语言来组织的。
（A）WWW (B) HTTP (C) JAVA (D) HTML

参考答案：（D）

知识要点： 网页上的信息是由超文本标记语言（HTML）来组织的。

70．超文本之所以称为超文本，是因为它里面包含有____。
（A）图像 （B）声音
（C）与其它文本的链接 （D）超级文本

参考答案：（C）

知识要点： 超文本之所以称为超文本，是因为它包含有与其它文本的链接。

71．Hacker 是指那些私闯网络并进行恶意破坏的人，它的中文俗称是____。
（A）网民 （B）海客 （C）网虫 （D）黑客

参考答案：（D）

知识要点： Hacker 的中文俗称是黑客。

72．中国互联网络信息中心的英文缩写是____。
（A）CNNIC （B）Chinanic （C）Cernic （D）Internet

参考答案：（A）

知识要点： 中国互联网络信息中心的英文缩写是 CNNIC。

73．申请免费电子邮箱需要____进行申请。
（A）向互联网服务提供商申请
（B）连入因特网、进入提供免费邮箱的网站
（C）拿单位介绍信和身份证到邮电局申请
（D）经两个有电子邮箱的朋友介绍、上网后申请

参考答案：（B）

知识要点： 电子邮箱是由提供电子邮件服务的机构为用户建立的，只需用户登录网站，进行注册，即可获得。

74. 因特网是属于____所有。
    （A）中国政府　　　　　　　　　　（B）微软公司
    （C）各接入单位共同　　　　　　　（D）美国政府

    参考答案：（C）

    知识要点：因特网属于接入的单位共同所有。

75. 关于收发电子邮件，以下叙述正确的是____。
    （A）必须在固定的计算机上收/发邮件
    （B）向对方发送邮件时，附件里可以粘贴小文件
    （C）一次只能发给一个接收者
    （D）发送电子邮件时，对方计算机必须开机

    参考答案：（B）

    知识要点：发送电子邮件时，可以在附件里粘贴小文件。

76. 通过电子邮件可以传输的信息包括____。
    （A）只能是文字　　　　　　　　　（B）只能是文字与图形图像信息
    （C）只能是文字与声音信息　　　　（D）可以是文字、声音和图形图像信息

    参考答案：（D）

    知识要点：电子邮件可以传输文字、声音、图形图像等信息。

77. 要使用电子邮件服务，首先要拥有一个电子邮箱，每个电子邮箱有一个唯一可识别的电子邮件地址，电子邮件地址的格式是____。
    （A）用户名@域名　　　　　　　　（B）用户名#域名
    （C）用户名&域名　　　　　　　　（D）用户名://域名

    参考答案：（A）

    知识要点：电子邮件地址的格式是：用户名@主机域名。

78. 使用电子邮件时，有时收到的邮件有古怪字符，即出现了乱码，这是由于____。
    （A）病毒　　　　　　　　　　　　（B）接收方计算机故障
    （C）发送方未发送完整　　　　　　（D）编码未统一

    参考答案：（D）

    知识要点：收到的邮件出现乱码的原因是编码未统一。

79. 中国公用计算机互联网是指____。
    （A）CHINANET　　　　　　　　　（B）CERNET
    （C）CHINAGAN　　　　　　　　　（D）CEINET

    参考答案：（A）

    知识要点：1996年初，我国拥有了四大具有国际出口的网络体系，分别是中国科技网（CSTNET）、中国教育和科研计算机网（CERNET）、中国公用计算机互联网（CHINANET）、中国金桥信息网（CHINAGBN）。

第 3 章 信息检索

3.1 信息检索概述

3.1.1 知识点分析

信息检索是人们进行信息查询和获取的主要方式,是查找信息的方法和手段,是将信息按一定的方式组织和存储起来,并根据用户的需要,按照一定程序,从存放的数据中找出符合用户需要的信息的过程。掌握网络信息的高效检索方法,是现代信息社会对高素质技术技能人才的基本要求。

3.1.2 习题及解析

1. 根据一定的需要,将特定范围内的某些文献中的有关知识单元按照一定的方法编排,并指明出处,为用户提供文献线索的一种检索工具是____。
   (A) 目录　　　　(B) 题录　　　　(C) 索引　　　　(D) 文摘

   参考答案:(C)

   知识要点:索引可以分为篇目索引和内容索引。篇目索引的主要作用是查阅报纸、期刊、会议录中的文章。内容索引一般是附在专著或年鉴、百科全书等工具书之后,按主题词、人名、地名、事件、概念等内容要项编排,是查找隐含在文章中所需情报,进行微观检索的有用工具。

2. 将存储于数据库中的整本书、整篇文章中的任意内容查找出来的检索是____。
   (A) 全文检索　　　　　　　　　　(B) 文献检索
   (C) 超文本检索　　　　　　　　　(D) 超媒体检索

   参考答案:(A)

   知识要点:对于数据量大、数据结构不固定的数据可采用全文检索方式检索。目前,全文检索从最初的字符串匹配和简单的布尔逻辑检索技术演进到能对超大文本、语音、图像、活动影像等非结构化数据进行综合管理的复合技术。

3. 利用图书末尾所附参考文献进行检索的方法是____。
   (A) 顺查法　　　　　　　　　　　(B) 倒查法

（C）抽查法 （D）追溯法

参考答案：（D）

知识要点：追溯查找法是通过文献或文章所附参考文献目录或注释的线索查找到所需信息的方法。

4. 信息检索系统的类型包括____和计算机检索系统。

（A）手工检索系统 （B）程序检索系统
（C）文字检索系统 （D）符号检索系统

参考答案：（A）

知识要点：信息检索系统按检索手段划分，可分为手工检索系统和计算机检索系统。

5. 二次检索指的是____。

（A）第二次检索
（B）检索了一次之后，结果不满意，再检索一次
（C）在上一次检索的结果集上进行的检索
（D）与上一次检索的结果进行对比，得到的检索

参考答案：（C）

知识要点：二次检索是在当前这次检索结果的文献范围内，再次输入检索条件进行查询的功能。在检索输入框中输入内容后，即可执行二次检索。

3.2 检索技术

3.2.1 知识点分析

在计算机检索中，为使检索结果全面而准确，常用的检索技术有布尔逻辑检索、截词检索、位置检索、限制检索。

3.2.2 习题及解析

1. 布尔逻辑表达式：在职员工 NOT（女 AND 青年）的检索结果是____。

（A）检索出除了女青年以外的在职员工的数据
（B）女青年的数据
（C）女性和青年的数据
（D）在职员工的数据

参考答案：（A）

知识要点：布尔逻辑检索中，用"AND"或者"*"表示并且、相交的概念，使检索范围缩小，提高准确率和相关度。用"NOT"或者"-"表示，表示一种排斥关系，排除不需要的概念，可缩小检索范围，提高检索准确率。

2. 布尔逻辑检索中检索符号"OR"的主要作用在于____。

（A）提高查准率 （B）提高查全率
（C）排除不必要信息 （D）减少文献输出量

参考答案：（B）

知识要点："OR"可用"+"表示，表示或者的概念，即平行、并列的概念，可扩大检

索范围，防止漏检。

3. 截词检索中，"？"和"*"的主要区别在于____。
   （A）字符数量的不同　　　　　　　（B）字符位置的不同
   （C）字符大小写的不同　　　　　　（D）字符缩写的不同

   参考答案：（A）

   知识要点：截词符"？"（也称为通配符）可以用来代替 0 个或 1 个字符，用"*"代表多个字符。

4. 尽管不同的检索系统对截词符的定义不尽相同，一般而言，多数用____表示无限截断。
   （A）+　　　　　（B）|　　　　　（C）*　　　　　（D）？

   参考答案：（C）

   知识要点："*"号代表多个字符。

5. 尽管不同的检索系统对截词符的定义不尽相同，一般而言，多数用____表示有限截断。
   （A）？　　　　　（B）|　　　　　（C）*　　　　　（D）-

   参考答案：（A）

   知识要点："？"号可代表 0 个或 1 个字符。

6. 利用截词技术检索"？ake"，以下检索结果正确的是____。
   （A）stake　　　（B）snake　　　（C）slake　　　（D）take

   参考答案：（D）

   知识要点："？"号代表 0 个或 1 个字符。

7. 位置运算符号（W）和（N）的主要区别在于____。
   （A）检索词之间间隔的字符数量的差异
   （B）检索词是否出现在同一字段中
   （C）检索词出现的位置是否可以颠倒
   （D）检索词是否出现在同一文献中

   参考答案：（C）

   知识要点：（W）算符两侧的检索词必须紧密相连，除空格和标点符号外，不得插入其它词或字母，两词的词序不可以颠倒。（N）算符两侧的检索词必须紧密相连，除空格和标点符号外，不得插入其它词或字母，两词的词序可以颠倒。

8. 布尔逻辑检索的运算符号包括____。
   （A）AND　　　　　　　　　　　　（B）OR
   （C）NOT　　　　　　　　　　　　（D）ADD
   （E）以上均是

   参考答案：（E）

   知识要点：布尔逻辑检索主要利用布尔代数中的逻辑运算符与（AND）、或（OR）、非（NOT）进行检索，这是现代计算机检索中最常用的一种技术。

9. 布尔逻辑运算符号"非"的作用在于____。
   （A）增加限制条件　　　　　　　　（B）排除检索结果
   （C）缩小文献范围　　　　　　　　（D）提高查准率
   （E）以上均是

   参考答案：（E）

知识要点：用"NOT"或者"-"表示，表示一种排斥关系，排除不需要的概念，可缩小检索范围，提高检索准确率。

10．一个截词符代表多个字符指的是____。
　　（A）后截词　　　　　　　　　　（B）中截词
　　（C）无限截词　　　　　　　　　（D）有限截词

参考答案：（C）

知识要点：用*号表示无限截断。

11．在布尔逻辑检索技术中，用____表示在检索结果中只需包含 A 或者 B 即可。
　　（A）A not B　　（B）A and B　　（C）A - B　　（D）A or B

参考答案：（D）

知识要点：or 表示或者的概念，即平行、并列的概念，可扩大检索范围，防止漏检。

12．如果要查找有关经济管理方面的文献，采用较为合理的检索式为____。
　　（A）经济 not 管理　　　　　　　（B）经济 or 管理
　　（C）经济 add 管理　　　　　　　（D）经济 and 管理

参考答案：（D）

知识要点：AND 表示并且、相交的概念，使检索范围缩小，提高准确率和相关度。

13．布尔逻辑运算符号"与"的作用在于____。
　　（A）增加限制条件　　　　　　　（B）缩小检索范围
　　（C）提高检索的专指性　　　　　（D）提高查准率
　　（E）以上均是

参考答案：（E）

知识要点："与"即 AND 算符。

14．截词检索中，常用的截词符号有____。
　　（A）+　　　　（B）-　　　　（C）/　　　　（D）?

参考答案：（D）

知识要点：截词符"?"（也称为通配符）可以用来代替 0 个或 1 个字符，用"*"代表多个字符。

15．在限制检索中，检索词与检索字段的关系用限制符表示，以下属于常见限制符的有____。
　　（A）包含　　　（B）大于　　　（C）等于　　　（D）介于

参考答案：（ABCD）

知识要点：常见的范围限定检索符合有：-、>、<、=、>=、<=。

16．下列可以提高检索的查准率方法是____。
　　（A）加强检索词的专指度
　　（B）用"and"/"not"等限制或排除某些概念
　　（C）从年代、语种和文献类型上进行限制
　　（D）将检索词限定在一定的字段中
　　（E）以上均是

参考答案：（E）

知识要点：本题考查的是检索方法的掌握程度，以上几种方法均可提高查准率。

3.3 网络信息检索

3.3.1 知识点分析

网络信息检索主要指检索网络当中的虚拟信息资源、数字化信息。网络信息资源有着种类多样、数据量大、传播迅速、信息源复杂等特点。如文本、图像、音视频、软件、数据库等信息，在网络中数据量巨大，增长迅速，难寻源头与确保准确。通常互联网中大部分的信息是免费的，用户可直接获取甚至发布信息。目前，也有电子资源提供商在网络当中提供有偿的内容服务，如一些文献数据库。

3.3.2 习题及解析

1. 在百度搜索框中输入两个检索词，中间用空格连接，体现布尔逻辑关系的是____。
    (A) 或　　　　　(B) 且　　　　　(C) 非　　　　　(D) 以上三个

   参考答案：(B)

   知识要点：在百度搜索框中输入两个检索词，中间用空格连接，表示 A 并且 B。

2. 在使用搜索引擎检索时，如果发现检索结果中，有些内容是不需要的，在这种情况下可以考虑使用____语法，去除所有包含特定关键词的内容。
    (A) 空格　　　　(B) -　　　　　(C) +　　　　　(D) |

   参考答案：(B)

   知识要点："-"号表示逻辑非。

3. 全球最大的中文搜索引擎是____。
    (A) 百度　　　　(B) 知乎　　　　(C) 雅虎　　　　(D) 必应

   参考答案：(A)

   知识要点：百度搜索引擎是目前全球最大的中文搜索引擎，在 2000 年 1 月 1 日成立中国子公司，创始人为李彦宏和徐勇。

4. 图书全文信息可以通过____获取。
    (A) 从网上购买图书
    (B) 从图书馆借书
    (C) 通过电子图书数据库下载图书全文
    (D) 通过搜索引擎查找免费的电子书全文
    (E) 以上均是

   参考答案：(E)

   知识要点：(A)、(B)、(C)、(D) 四种方法均可获得图书全文信息。

3.4 专用平台信息检索

3.4.1 知识点分析

目前国内常用的图书检索平台有中国国家数字图书馆、超星电子书、各省市地方数字图书馆（如重庆数字图书馆）。国内常用的期刊信息检索平台有中国知网、万方数据期刊、维普中文科技期刊数据库。此外常用的专用平台信息检索还包含会议文献检索、学位论文检索和专利文献检索。会议文献具有专业鲜明、针对性强、内容新颖、极具学术争鸣、出版发行迅速等特点。学位论文是高等学校、研究机构的毕业生为评定学位而撰写的论文。专利文献内容新颖，内容可靠，对科学研究、产品开发、技术引进等方面具有前瞻性指导作用。

3.4.2 习题及解析

1. 狭义的专利文献是指____。
   （A）专利说明书 （B）专利申请书
   （C）专利公报   （D）专利文摘

   参考答案：（A）
   知识要点：狭义的专利文献包括专利请求书、说明书、权利要求书、摘要在内的专利申请说明书和已经批准的专利说明书等文件资料。

2. 学术论文的特点包括____。
   （A）科学性   （B）学术性
   （C）创新性   （D）规范性
   （E）以上均是

   参考答案：（E）
   知识要点：学术论文是学术课题在实验性、理论性或预测性上具有的新的科学研究成果或创新见解和知识的科学记录，或是某种已知原理应用于实际上取得新进展的科学总结。

3. 学术论文的种类繁多，根据写作目的不同，学术论文可以分为科研论文和学位论文。学位论文一般分为____。
   （A）学士论文   （B）硕士论文
   （C）博士论文   （D）以上均是

   参考答案：（D）
   知识要点：学位论文是表明作者从事科学研究取得创造性的结果或有了新的见解，并以此为内容撰写而成，作为提出申请授予相应的学位时评审用的学术论文。学位论文分为学士学位论文、硕士学位论文和博士学位论文三种。

4. 能获取学位论文全文信息的数据库有____。
   （A）百度文库
   （B）万方数据公司的中国学位论文全文数据库
   （C）维普全文数据库
   （D）超星数据图书馆

   参考答案：（B）
   知识要点：能获取学位论文全文信息的数据库有万方数据提供服务的中国学位论文全文数据库（China Dissertations Database），以及 CNKI 提供服务的《中国优秀硕士学位论文全文数据库》《中国博士学位论文全文数据库》。

5. 专利文献的类型有____。
   （A）专利说明书   （B）专利公报
   （C）专利文献索引 （D）专利分类表

（E）以上均是

参考答案：（E）

知识要点：在我国，出版的专利文献主要包括发明专利公报、实用新型专利公报和外观设计专利公报、发明专利申请公开说明书、发明专利说明书、实用新型专利说明书、专利年度索引。

6. 以下____不是中国期刊全文数据库（CNKI）的检索字段。
   （A）作者 　　　　　　　　　　　　（B）第一作者
   （C）基金 　　　　　　　　　　　　（D）分子式

参考答案：（D）

知识要点：CNKI 提供的检索字段主要有：主题、篇关摘、关键词、篇名、全文、作者、第一作者、通讯作者、作者单位、基金、摘要、小标题、参考文献、分类号、文献来源等。

7. 中国期刊全文数据库（CNKI）检索系统默认的检索界面为____。
   （A）初级检索界面 　　　　　　　　（B）高级检索界面
   （C）专业检索界面 　　　　　　　　（D）以上均是

参考答案：（D）

知识要点：通常情况下，检索系统默认的检索界面均为初级检索界面，又可称简单检索界面。

第 4 章 文档处理

4.1 Word 2016 概述

4.1.1 知识点分析

Word 2016 是 Microsoft Office 2016 系列办公软件的组件之一,它的功能十分强大,主要用于文字编辑、表格制作、图文处理、版面设计和文档打印等。使用 Word 2016 可以方便地创建图文并茂、符合用户要求的各种文档,如办公室文件、毕业论文、个人简历、商业合同等。

本节重点掌握 Word 2016 的启动与退出,工作窗口的组成及其功能特点。

4.1.2 习题及解析

1. Word 是 Microsoft 公司开发的一个____。
   (A)操作系统   (B)表格处理软件
   (C)文字处理软件   (D)数据管理系统

   参考答案:(C)
   知识要点: Word 是 Microsoft 公司开发的一个文字处理软件,主要用于文字编辑、表格制作、图文处理、版面设计和文档打印等。

2. 在 Word 2016 操作中,退出 Word 的快捷键是____。
   (A)Alt+F5   (B)Alt+F4   (C)Ctrl+F4   (D)Ctrl+F5

   参考答案:(B)
   知识要点: 退出 Word 的快捷键是 Alt+F4。

3. Word 2016 文档的扩展名是____。
   (A).ppt   (B).com   (C).txt   (D).docx

   参考答案:(D)
   知识要点: Word 文档扩展名是.docx,演示文稿扩展名是.pptx,文本文件扩展名是.txt。

4. 以下不是 Word 2016 窗口的组成部分____。
   (A)标题栏   (B)标尺
   (C)快速访问工具栏   (D)任务栏

参考答案：（D）

知识要点： Word 2016 窗口的组成不包括任务栏。

5. 能够显示页眉和页脚的视图方式是____。
   （A）草稿　　　　　　　　　　　　（B）大纲视图
   （C）页面视图　　　　　　　　　　（D）Web 版式视图

参考答案：（C）

知识要点： 页面视图可以显示页眉、页脚、图形对象、页面边距等元素，是最接近打印结果的视图，一般用于版面设计。

6. 标题栏不能显示的是____。
   （A）当前文档的文件名　　　　　　（B）快速访问工具栏
   （C）窗口控制按钮　　　　　　　　（D）窗口显示比例

参考答案：（D）

知识要点： 标题栏中间显示文件名，右侧是窗口控制按钮，左侧默认是快速访问工具栏。

7. 当前正在编辑的 Word 2016 文档的文件名显示在窗口的____。
   （A）选项卡　　　　　　　　　　　（B）标题栏
   （C）快速访问工具栏　　　　　　　（D）状态栏

参考答案：（B）

知识要点： 同习题 6。

8. 关于"快速访问工具栏"，说法正确的是____。
   （A）"快速访问工具栏"中的按钮是固定不变的
   （B）"快速访问工具栏"中的按钮是可以增减的
   （C）"快速访问工具栏"中的按钮可以增加，但不能减少
   （D）"快速访问工具栏"中的按钮可以减少，但不能增加

参考答案：（B）

知识要点： "快速访问工具栏"中的按钮用户可以自定义，根据需要进行增减。

9. Word 2016 模板为我们快速创建文档提供了方便，其扩展名为____。
   （A）.docx　　　（B）.dotx　　　（C）.xlsx　　　（D）.pptx

参考答案：（B）

知识要点： Word 2016 模板文件的扩展名为.dotx。

10. 不能用 Word 2016 打开并查看的文件类型扩展名是____。
    （A）.docx　　　（B）.exe　　　（C）.txt　　　（D）.wps

参考答案：（B）

知识要点： Word 2016 不能打开扩展名为.exe 的可执行文件。

11. 以下选项卡不是 Word 2016 标准选项卡的是____。
    （A）审阅　　　　　　　　　　　　（B）图表工具
    （C）引用　　　　　　　　　　　　（D）视图

参考答案：（B）

知识要点： 图表工具不是 Word 2016 的标准选项卡，只有在选定了图表以后才会被激活。

12. 在 Word 的状态栏右侧上有一个小滑块，其作用是____。
    （A）调整显示字号　　　　　　　　（B）调整显示比例

（C）调整显示字体　　　　　　　　（D）拼写检查

参考答案：（B）

知识要点： Word 的状态栏右侧上的小滑块，其作用是调整显示比例。

13．Word 2016 状态栏上不能显示的是____。

（A）当前页码　　　　　　　　　　（B）总页码

（C）文档总字数　　　　　　　　　（D）当前文档文件名

参考答案：（D）

知识要点： Word 2016 状态栏上不能显示的是当前文档文件名。

14．下面关于 Word 标题栏的叙述，错误的是____。

（A）双击标题栏，可最大化或还原 Word 窗口

（B）拖动标题栏，可将非最大化窗口移动到新位置

（C）在标题栏单击右键，可对文件改名。

（D）标题栏中间显示当前文档的文件名

参考答案：（C）

知识要点： 标题栏不能实现对文件改名操作。

4.2　Word 2016 的基本编辑排版操作

4.2.1　知识点分析

Word 2016 有强大的编辑排版功能，通过选项卡上的按钮、对话框和菜单，用户可以非常方便地对文档进行编辑排版。

本节主要掌握 Word 2016 文档的新建与保存操作；文本的插入、删除、复制、移动、查找与替换等基本编辑操作；设置字符格式与段落格式的操作；设置首字下沉与分栏操作；设置页眉与页脚等基本排版操作。

4.2.2　习题及解析

1．打开一个 Word 文档进行编辑修改后，希望保存到另外的文件夹，应使用"文件"菜单下的____命令。

（A）另存为　　　（B）退出　　　（C）保存　　　（D）关闭

参考答案：（A）

知识要点： 将 Word 文档保存到另外的文件夹，应使用"另存为"操作。

2．打开了一个已有的 Word 文档 A1.docx，又进行了"新建"操作，则说法正确的是____。

（A）A1.docx 被关闭

（B）A1.docx 和新建文档均处于打开状态

（C）新建文档被打开，但 A1.docx 文档被关闭

（D）A1.docx 文档打开，新建文档被关闭

参考答案：（B）

知识要点： "新建"操作不会关闭已打开文件。

3．在 Word 2016 中打开并编辑了 5 个文档，单击快速访问工具栏中的"保存"按钮，

则____。

  （A）保存当前文档，当前文档仍处于编辑状态

  （B）保存并关闭当前文档

  （C）保存并关闭所有打开文档

  （D）保存并关闭除当前文档以外的 4 个文档

 参考答案：（A）

 知识要点："保存"操作只对当前文档有效，且不会关闭文件。

4．在 Word 2016 的编辑状态，打开文档"A1.docx"，修改后另存为"A2.docx"，则文档 A1.docx____。

  （A）被文档 A2 覆盖   （B）被修改未关闭

  （C）未修改被关闭   （D）被修改并关闭

 参考答案：（C）

 知识要点："另存为"操作对当前文档不做修改，并且关闭。

5．为了防止意外断电等事件，最好的操作是____。

  （A）经常用鼠标点击"保存"按钮 （B）几分钟就关闭文件，再打开

  （C）设置自动保存功能   （D）经常保存备份文件

 参考答案：（C）

 知识要点：Word 设置了自动保存功能，发生意外断电等事件后，可以将文档的损失降到最低。

6．第一次保存文件，将出现____对话框。

  （A）保存   （B）另存为

  （C）全部保存   （D）保存为

 参考答案：（B）

 知识要点：第一次保存文件，将出现"另存为"对话框，可对文件名、保存位置等信息进行设置。

7．在 Word 2016 编辑状态，当前正在编辑一个新建文档"文档 1"，执行"文件"菜单中的"保存"操作后，____。

  （A）新建文档以"文档 1"为文件名被保存，并关闭

  （B）弹出"另存为"对话框，可根据提示进行设置

  （C）"文档 1"被保存，继续处于编辑状态

  （D）以上都不对。

 参考答案：（B）

 知识要点：同习题 6。

8．保存文件的快捷键是____。

  （A）Ctrl+C （B）Ctrl+V （C）Ctrl+X （D）Ctrl+S

 参考答案：（D）

 知识要点：保存文件的快捷键是 Ctrl+S。

9．在编辑文档过程中，切换中英文输入法，可用____组合键。

  （A）Ctrl+空格   （B）Ctrl+Alt

  （C）Shift+空格   （D）Ctrl+F4

参考答案：（A）

知识要点： 切换中英文输入法的组合键是 Ctrl+空格。

10. 在 Word 2016 编辑状态下，要删除插入点前面的字符，可以按____键。
    （A）Del （B）Ctrl （C）Backspace （D）Enter

参考答案：（C）

知识要点： 在 Word 2016 编辑状态下，要删除插入点前面的字符可使用 Backspace 键，删除插入点后面的字符可使用 Del 键。

11. 在 Word 2016 编辑状态下，要删除插入点右边的字符，可以按____键。
    （A）Del （B）Ctrl （C）Backspace （D）Enter

参考答案：（A）

知识要点： 同习题 10。

12. 在 Word 2016 编辑状态下，将插入点快速移动到文档尾部的操作是____。
    （A）End （B）Ctrl+End （C）Alt+End （D）Ctrl+Del

参考答案：（B）

知识要点： 在 Word 2016 编辑状态下，将插入点快速移动到文档尾部的快捷键是 Ctrl+End；将插入点快速移动到文档开始位置的快捷键是 Ctrl+Home。

13. 在 Word 2016 编辑状态下，使插入点快速移动到文档开始位置的快捷键是____。
    （A）Ctrl+Home (B) Ctrl+End
    （C）Alt+End (D) Ctrl+Del

参考答案：（A）

知识要点： 同习题 12。

14. 在 Word 2016 编辑状态下，将整篇文档内容全部选中的快捷键是____。
    （A）Ctrl+C （B）Ctrl+B （C）Ctrl+End （D）Ctrl+A

参考答案：（D）

知识要点： 选定整篇文档内容的快捷键是 Ctrl+A。

15. 在 Word 2016 编辑状态下，要同时选中两个文本区域，在选中第一个区域后，按住____键，再拖动鼠标选择第二个区域。
    （A）Alt （B）Ctrl （C）Shift （D）Ctrl+Alt

参考答案：（B）

知识要点： Word 2016 编辑状态下，选择不连续文本区域时，按住 Ctrl 键，再拖动鼠标进行选择。

16. 在 Word 2016 编辑状态下，如果要选定整个文档，先将鼠标光标移动到文档左侧选定栏，然后____。
    （A）单击鼠标左键 （B）双击鼠标左键
    （C）连续击三下鼠标左键 （D）双击鼠标右键

参考答案：（C）

知识要点： 在 Word 2016 编辑状态下，在选定栏单击，选定光标所在行；在选定栏双击，选定一个自然段；在选定栏三击，选定整个文档。

17. 在 Word 2016 编辑状态下，单击文档编辑区左侧的选定栏，说法正确的是____。
    （A）选择鼠标光标所在行 （B）选择鼠标光标所在列

　　　　　（C）选择当前段落　　　　　　　　　　（D）选择整篇文档

参考答案：（A）

知识要点： 同习题 16。

18．在 Word 2016 编辑状态下，要插入特殊符号，应使用的选项卡是____。
　　　　（A）插入　　　　（B）开始　　　　（C）文件　　　　（D）视图

参考答案：（A）

知识要点： 插入特殊符号，应使用"插入"选项卡。

19．要把相邻的两个段落合并为一段，应执行的操作是____。
　　　　（A）将插入点定位于前段末尾，单击"撤销"按钮
　　　　（B）将插入点定位于前段末尾，按退格键
　　　　（C）将插入点定位后段开头，按 Delete 键
　　　　（D）删除两个段落之间的段落标记

参考答案：（D）

知识要点： 将相邻的两个段落合并为一段，应删除两个段落之间的段落标记。

20．以下不能调整段落左右边界的操作是____。
　　　　（A）拖动标尺栏上的缩进标记
　　　　（B）单击"段落"选项组上的"增加缩进量"按钮
　　　　（C）通过"段落"对话框设置
　　　　（D）向左右拖动段落中文字

参考答案：（D）

知识要点： 拖动文字能改变文字在文档中的位置，但不能调整段落的边界。

21．对选定的文本设置加粗效果，可以通过____组合键来实现。
　　　　（A）Ctrl+I　　　　（B）Ctrl+B　　　　（C）Ctrl+U　　　　（D）Ctrl+O

参考答案：（B）

知识要点： 设置文本加粗的快捷键是 Ctrl+B。

22．选中文本后按 Ctrl+B 快捷键，可以实现____。
　　　　（A）上标效果　　　　　　　　　　（B）斜体效果
　　　　（C）下划线效果　　　　　　　　　（D）加粗效果

参考答案：（D）

知识要点： 同习题 21。

23．对选定的文本设置倾斜效果，可以通过____组合键来实现。
　　　　（A）Ctrl+I　　　　（B）Ctrl+B　　　　（C）Ctrl+U　　　　（D）Ctrl+O

参考答案：（A）

知识要点： 设置文本倾斜的快捷键是 Ctrl+I。

24．对选定的文本添加下划线，可以通过____组合键来实现。
　　　　（A）Ctrl+I　　　　（B）Ctrl+B　　　　（C）Ctrl+U　　　　（D）Ctrl+O

参考答案：（C）

知识要点： 为文本添加下划线的快捷键是 Ctrl+U。

25．以下不是段落格式化的操作是____。
　　　　（A）对齐方式　　　　　　　　　　（B）缩进方式

(C) 行距和段落间距 　　　　　　　　(D) 简繁体转换

参考答案：（D）

知识要点： 简繁体转换不是段落格式化的操作。

26. 下列各选项中，不在"字体"选项组中的是____。
    (A) 增大缩小字体 　　　　　　　　(B) 项目编号
    (C) 字符加粗 　　　　　　　　　　(D) 字体颜色

参考答案：（B）

知识要点： 不在"字体"选项组中的是项目编号。

27. 下列有关格式刷的说法中，错误的是____。
    (A) 在复制格式前需先选中原格式所在的文本
    (B) 单击格式刷只能复制一次，双击格式刷可多次复制
    (C) 格式刷既可复制格式，也可复制文本
    (D) 格式刷在"开始"选项卡的"剪贴板"选项组中

参考答案：（C）

知识要点： 格式刷可以复制格式，但不能复制文本。

28. 关于格式刷说法错误的是____。
    (A) 可以复制文字和文字格式 　　　(B) 只能复制文字的格式
    (C) 单击格式刷只能使用一次格式刷 (D) 退出格式刷可以按 Esc 键

参考答案：（A）

知识要点： 同习题 27。

29. 使用____可以进行快速格式复制操作。
    (A) "字体"选项组 　　　　　　　　(B) "段落"选项组
    (C) "格式刷"按钮 　　　　　　　　(D) "边框和底纹"对话框

参考答案：（C）

知识要点： 同习题 27。

30. 在 Word 2016 编辑状态下，要使用"格式刷"命令，应使用的选项卡是____。
    (A) 插入　　　(B) 开始　　　(C) 文件　　　(D) 视图

参考答案：（B）

知识要点： "格式刷"位于开始选项卡中。

31. 关于 Word 2016 打印操作说法正确的是____。
    (A) Word 每次只能打印一份文稿
    (B) Word 不能选择打印文档某一页
    (C) Word 开始打印前可以进行打印预览
    (D) Word 打印设置选项中，不能设置打印机属性。

参考答案：（C）

知识要点： Word 2016 打印前可以进行打印预览，查看排版效果，满意后再开始打印。

32. 关于 Word 2016 查找操作，说法错误的是____。
    (A) 可以从插入点位置开始向上查找　(B) 可以从插入点位置开始向下查找
    (C) 可以查找带格式的文本　　　　　(D) 不能查找段落标记

参考答案：（D）

知识要点：Word 2016 查找操作中，可以查找段落标记等特殊格式。

33．"开始"选项卡中的"复制"按钮是颜色黯淡，不能使用时，表示____。
（A）只能单击右键，从打开的快捷菜单中选择"复制"命令
（B）在文档中没有选定任何内容
（C）剪贴板中已经有了要复制的内容
（D）剪贴板中内容满了

参考答案：（B）

知识要点：在 Word 2016 编辑操作中，"复制"按钮颜色黯淡，表示在文档中没有选定任何内容。

34．在 Word 2016 文档中，选定某行内容后，希望复制到其它位置，可在拖动鼠标的同时，按住____。
（A）Ctrl 键　　　（B）Alt 键　　　（C）Shift 键　　　（D）Esc 键

参考答案：（A）

知识要点：在用鼠标拖动选定文本内容时，按住 Ctrl 键，可将选定文本内容复制到其它位置。

35．下列不属于段落对齐方式的是____。
（A）居中　　　　　　　　　　　　（B）两端对齐
（C）分散对齐　　　　　　　　　　（D）首行对齐

参考答案：（D）

知识要点：Word 2016 段落对齐方式有左对齐、居中对齐、右对齐、两端对齐和分散对齐。

36．下列不属于段落缩进方式的是____。
（A）首行缩进　　　　　　　　　　（B）悬挂缩进
（C）左缩进　　　　　　　　　　　（D）两端缩进

参考答案：（D）

知识要点：Word 2016 段落缩进的方式有左缩进、右缩进、首行缩进和悬挂缩进 4 种。

37．在 Word 2016"页面设置"对话框中不能设置的是____。
（A）上下边距　　　　　　　　　　（B）左右边距
（C）段落缩进　　　　　　　　　　（D）纸张大小

参考答案：（C）

知识要点：Word 2016"页面设置"对话框中不能设置的是段落缩进。

38．Word 2016 进行强制分页的快捷键是____。
（A）Ctrl+Shift　　　　　　　　　（B）Ctrl+Enter
（C）Ctrl+Alt　　　　　　　　　　（D）Ctrl+Space

参考答案：（B）

知识要点：Word 2016 进行强制分页的快捷键是 Ctrl+Enter。

39．Word 2016 编辑中，按____键可切换"改写"和"插入"状态。
（A）Tab　　　（B）Esc　　　（C）Home　　　（D）Insert

参考答案：（D）

知识要点："改写"和"插入"状态的切换键是 Insert。

40. 当一个文档窗口被保存并关闭后，该文档将被____。
    （A）保存在剪贴板中　　　　　　　　（B）保存在外存中
    （C）保存在内存中　　　　　　　　　（D）既保存在内存中，也保存在外存中
   参考答案：（B）
   知识要点：Word 文档被保存关闭后，将作为一个文件被保存在外存中。

41. 在 Word 中无法实现的操作是____。
    （A）在页眉中插入图片　　　　　　　（B）建立奇偶页内容不同的页眉
    （C）在页眉中插入分隔符　　　　　　（D）在页眉中插入日期
   参考答案：（C）
   知识要点：在页眉中可以插入图片、日期，但不能插入分隔符。

42. 页眉位于文档的____。
    （A）底部　　　　（B）中部　　　　（C）顶部　　　　（D）左侧
   参考答案：（C）
   知识要点：页眉位于文档的顶部。

43. 页脚位于文档的____。
    （A）顶部　　　　（B）中部　　　　（C）底部　　　　（D）左侧
   参考答案：（C）
   知识要点：页脚位于文档的底部。

44. 以下关于 Word 2016 文字设置的说法，正确的是____。
    （A）默认字体有宋体、黑体、楷体和隶书
    （B）"字体"选项卡中"B"按钮的功能是设置字符间距
    （C）在"字体"对话框中可以设置字符间距
    （D）在"段落"对话框中可以设置字符间距
   参考答案：（C）
   知识要点：字符间距是在"字体"对话框中设置。

45. 以下关于 Word 2016 字号的说法，正确的是____。
    （A）五号>四号，13 磅>12 磅　　　　（B）五号<四号，13 磅<12 磅
    （C）五号<四号，13 磅>12 磅　　　　（D）五号>四号，13 磅<12 磅
   参考答案：（C）
   知识要点：Word 中的字号最大为初号，八号最小；磅值越大，字符越大。

46. 在打印设置中的"打印当前页"是指____。
    （A）打印光标插入点所在的这一页　　（B）打印窗口显示的这一页
    （C）打印第 1 页　　　　　　　　　　（D）打印最后 1 页
   参考答案：（A）
   知识要点："打印当前页"是指打印光标插入点所在的这一页。

47. 设置上标、下标应该使用____选项组中的按钮。
    （A）样式　　　　（B）段落　　　　（C）文本　　　　（D）字体
   参考答案：（D）
   知识要点：上标、下标等字符格式设置应该使用字体选项组中的按钮。

48. 在同一个页面中，如果希望页面上半部分分为一栏，后半部分分为两栏，应插入的

分隔符号为____。

(A) 分页符 (B) 分栏符
(C) 分节符（连续） (D) 分节符（奇数页）

参考答案：（C）

知识要点：在同一个页面中，设置不同的版面格式，应插入分节符（连续）。

49. 关于 Word 2016 的页码，以下说法错误的是____。

(A) 可以在页眉中插入页码 (B) 可以在页脚中插入页码
(C) 可以在左右页边距中插入页码 (D) 可以设置页码格式

参考答案：（C）

知识要点：可以在页眉和页脚中插入页码及设置页码格式。

50. 在 Word 2016 编辑中，要将选定内容放到剪贴板，可使用____操作。

(A) 查找或替换 (B) 剪切或清除
(C) 剪切或复制 (D) 剪切或粘贴

参考答案：（C）

知识要点：剪切或复制操作可将选定内容放到剪贴板。

51. 在 Word 2016 中，如果在输入的文本下方出现红色波浪线，表示____。

(A) 拼写和语法错误 (B) 系统错误
(C) 格式错误 (D) 其它错误

参考答案：（A）

知识要点：在输入的文本下方出现红色波浪线，表示拼写和语法错误。

52. 在 Word 中编辑长文档时，要迅速将插入点定位到第 80 页，可以使用"查找和替换"对话框中的____选项卡。

(A) 替换 (B) 查找
(C) 定位 (D) 查找和替换

参考答案：（C）

知识要点：将插入点定位到文档中某页，可以使用"定位"选项卡。

53. 在 Word 2016 编辑中，要在文档中插入页眉和页脚，应使用____选项卡。

(A) 插入 (B) 布局 (C) 开始 (D) 视图

参考答案：（A）

知识要点：在文档中插入页眉和页脚，应使用"插入"选项卡。

54. 在 Word 2016 编辑中，如果纸张大小为 A4，则最大分栏数是____。

(A) 9 (B) 10 (C) 11 (D) 12

参考答案：（C）

知识要点：纸张大小为 A4，最大分栏数为 11。

55. 在 Word 中，节是一个重要概念，下列关于节的叙述错误的是____。

(A) 在 Word 中，默认整篇文档为一个节
(B) 可以对一篇文档设定多个节
(C) 可以对不同的节设置不同的页眉和页脚
(D) 删除某一节的页码，不会影响其它节的页码设置

参考答案：（D）

知识要点：如果节之间建立了链接关系，则删除某一节的内容，将会影响其它节的设置。

56. 在 Word 中，关于页眉和页脚的设置，下列叙述错误的是____。
    （A）允许为文档的第一页设置不同的页眉和页脚
    （B）允许为文档的每个节设置不同的页眉和页脚
    （C）允许为偶数页和奇数页设置不同的页眉和页脚
    （D）页眉和页脚中不能插入图片

参考答案：（D）

知识要点：页眉和页脚中可以插入图片。

57. 下列有关页眉和页脚的说法，错误的是____。
    （A）可以在奇偶页中插入不同的页眉和页脚内容
    （B）可以将每一页的页眉和页脚内容设置成相同内容
    （C）可以在页眉和页脚中插入页码
    （D）插入页码时必须在每一页都输入页码

参考答案：（D）

知识要点：在 Word 中插入页码不需要在每一页输入页码。

58. 在 Word 中关于文件打印，下列说法不是必要的是____。
    （A）连接打印机　　　　　　　　（B）对被打印的文档进行打印预览
    （C）安装打印驱动程序　　　　　（D）设置打印机

参考答案：（B）

知识要点：文件可以直接打印，打印预览不是必要的。

59. 对文档进行页面设置时应将插入点置于____。
    （A）开头　　　　　　　　　　　（B）结尾
    （C）文档中　　　　　　　　　　（D）行首

参考答案：（C）

知识要点：进行页面设置时可将插入点置于文档中任意位置。

60. 以下不是文本格式化内容的一项是____。
    （A）文本颜色　　　　　　　　　（B）文档保存
    （C）文本大小　　　　　　　　　（D）文本字体

参考答案：（B）

知识要点：文档保存不是文本格式化内容。

61. 以下快捷键说法正确的是____。
    （A）查找：Ctrl+H　　　　　　　（B）替换：Ctrl+F
    （C）居中对齐：Ctrl+E　　　　　（D）下划线：Ctrl+I

参考答案：（C）

知识要点：居中对齐的快捷键是 Ctrl+E。

62. Word 2016 的替换功能可以替换的是____。
    （A）文本框　　　　　　　　　　（B）文本和格式
    （C）图片　　　　　　　　　　　（D）艺术字

参考答案：（B）

知识要点：替换功能可以替换文本和格式。

63．给文档添加背景说法错误的是____。
　　（A）可以添加图片水印　　　　　　（B）可以添加文字水印
　　（C）可以设置渐变填充效果　　　　（D）以上说法都错误

参考答案：（D）

知识要点： Word 可以为文档设置丰富的背景，如图片水印、文字水印及渐变填充效果等。

64．关于文本的选择，以下说法错误的是____。
　　（A）不能用键盘进行选择　　　　　（B）按住 Ctrl 键可以选择不连续文本
　　（C）按住 Shift 键可以选择连续文本　（D）按住 Alt 键可以选择矩形文本块

参考答案：（A）

知识要点： 可以使用键盘进行文本选择。

65．执行"文件"菜单中的"打印"命令，以下说法正确的是____。
　　（A）不仅可以进行打印选项的设置，还可以预览文档
　　（B）会马上进行打印
　　（C）只会出现打印选项设置
　　（D）只会出现文档的预览

参考答案：（A）

知识要点： Word 中不仅可以进行打印选项的设置，还可以预览文档。

66．在一个文档中，快速将全文中的"重庆"二字加上突出显示效果的操作是____。
　　（A）按住 Ctrl 键，将所有的"重庆"文本选定，再加上突出显示
　　（B）先设置突出显示颜色，然后通过"查找和替换"对话框进行设置
　　（C）先设置突出显示颜色，然后通过"字体"对话框进行设置
　　（D）无法实现

参考答案：（B）

知识要点： 格式替换可以通过"查找和替换"功能来实现。

67．在 Word 2016 编辑中，调整行距可使用____来实现。
　　（A）"开始"选项卡→"字体"选项组
　　（B）"插入"选项卡→"文本"选项组
　　（C）"开始"选项卡→"段落"选项组
　　（D）"开始"选项卡→"编辑"选项组

参考答案：（C）

知识要点： 调整行距可以使用"段落"选项组来实现。

68．用"CQHG" 4 个英文字母来代替"重庆化工职业学院" 8 个汉字的输入方式是____。
　　（A）用智能全拼输入法　　　　　　（B）用"拼写与语法"功能
　　（C）用"自动更正"功能　　　　　　（D）无法实现

参考答案：（C）

知识要点： 在文档中输入时，可以使用"自动更正"功能将输入的文本替换为别的文本。

69．在 Word 2016 中，默认的视图方式是____。
　　（A）普通视图　　　　　　　　　　（B）页面视图
　　（C）大纲视图　　　　　　　　　　（D）Web 版式视图

参考答案：（B）

知识要点： 在 Word 2016 中，默认的视图方式是页面视图。

70．"项目符号和编号"位于____选项卡下。
（A）开始 　　　　　　　　　　　　（B）插入
（C）页面布局 　　　　　　　　　　（D）引用

参考答案：（A）

知识要点： "项目符号和编号"按钮位于"开始"选项卡下。

71．要隐藏文档中的编辑标记，可以通过____选项卡来实现。
（A）开始 　　　　　　　　　　　　（B）格式
（C）视图 　　　　　　　　　　　　（D）文件

参考答案：（A）

知识要点： 显示/隐藏文档中的编辑标记，可以通过"开始"选项卡来实现。

72．关于 Word 2016 打印操作，说法错误的是____。
（A）可以打印当前页 　　　　　　　（B）不能打印选定内容
（C）可以打印整个文档 　　　　　　（D）可以打印指定页码

参考答案：（B）

知识要点： 在 Word 2016 打印操作中，可以只打印选定内容。

73．在 Word 2016 中，以下选定文本方法正确的是____。
（A）将鼠标指针放在目标处，双击鼠标右键
（B）将鼠标指针放在开始处，按住鼠标左键拖动
（C）Ctrl 键+左右箭头
（D）Alt 键+左右箭头

参考答案：（B）

知识要点： 选定文本的方法很多，其中最常用的是按住鼠标左键从起始位置拖动到目标位置。

74．在 Word 2016 中，系统默认的对齐方式是____。
（A）左对齐 　　　　　　　　　　　（B）右对齐
（C）两端对齐 　　　　　　　　　　（D）居中

参考答案：（C）

知识要点： Word 2016 默认的对齐方式是两端对齐。

75．在 Word 2016 中，每个段落的段落标记在____。
（A）段落的结尾处 　　　　　　　　（B）段落的开始处
（C）段落的中部 　　　　　　　　　（D）段落中无法看到

参考答案：（A）

知识要点： 段落标记在段落的结尾处。

76．在 Word 2016 文档中输入到右边界时，插入点会自动移到下一行最左边，这是 Word 2016 的____功能。
（A）自动更正 　　　　　　　　　　（B）自动回车
（C）自动格式 　　　　　　　　　　（D）自动换行

参考答案：（D）

知识要点：当文档内容超过一行宽度时，Word 会自动换行，不需要手工添加回车键。

77．Word 2016 中的宏是____。
　　（A）一种病毒　　　　　　　　（B）一种固定格式
　　（C）一段文字　　　　　　　　（D）一段应用程序
参考答案：（D）
知识要点：Word 2016 中的宏可以将一系列的 Word 命令和指令组合在一起，以实现任务执行的自动化。

78．在 Word 2016 编辑中，现有两个段落且段落格式也不同，当删除前一个段落结尾处的段落标记时，____。
　　（A）两个段落合并为一段，原先格式不变
　　（B）仍为两段，且格式不变
　　（C）两个段落合并为一段，并采用前一段落格式
　　（D）两个段落合并为一段，并采用后一段落格式
参考答案：（C）
知识要点：两个段落合并为一段，采用前一段的段落格式。

79．如果文档很长，用户可以使用 Word 2016 提供的____操作，同时在两个窗口中滚动看同一个文档的不同部分。
　　（A）拆分窗口　　　　　　　　（B）滚动条
　　（C）排列窗口　　　　　　　　（D）帮助
参考答案：（A）
知识要点：在长文档中，如果要同时查看前面和后面不同的内容，可以使用拆分窗口操作。

80．以下关于"Word 文本行"的说法中，正确的说法是____。
　　（A）输入文本内容到达行末尾时，只有按回车键才能换行
　　（B）Word 文本行的宽度与页面设置有关
　　（C）Word 文本行的宽度就是显示器的宽度
　　（D）Word 文本行的宽度是默认的，用户不能控制
参考答案：（B）
知识要点：Word 文本行的宽度与页面设置有关，设置纸张大小、页边距等都会影响文本行的宽度。

81．在 Word 2016 编辑中，设置"首字下沉"应使用____选项卡。
　　（A）开始　　　（B）插入　　　（C）视图　　　（D）布局
参考答案：（B）
知识要点：设置"首字下沉"应使用"插入"选项卡。

82．在 Word 2016 编辑中，选中文档中的一个段落后，按 Del 键，则____。
　　（A）该段落被删除且不能恢复
　　（B）该段落被删除，但能恢复
　　（C）可以利用"回收站"恢复被删除的该段落
　　（D）该段落被移到"回收站"内
参考答案：（B）

知识要点：选中文档中的一个段落后，按 Del 键，该段落被删除，但能恢复。

83．Word 2016 具有的功能是____。
　　（A）表格处理　　　　　　　　　　（B）绘制图形
　　（C）自动更正　　　　　　　　　　（D）以上三项都是
参考答案：（D）
知识要点：Word 2016 具有的功能包括编辑排版、表格处理、绘制图形、自动更正、图文混排等。

84．在 Word 2016 编辑中，如果无意中误删除了某段文字内容，则可以单击"快速访问工具栏"上的____按钮，返回到删除前的状态。
　　（A）撤销　　　　（B）恢复　　　　（C）保存　　　　（D）新建
参考答案：（A）
知识要点："撤销"按钮可以撤销最近所做的各项操作。

85．在 Word 2016 中删除文本或图形对象后，下列说法正确的是____。
　　（A）可从"回收站"中恢复删除的文本
　　（B）删除以后不能恢复
　　（C）可以使用"撤销"命令撤销刚才的"删除"操作
　　（D）在文件关闭后也可以使用"撤销"命令
参考答案：（C）
知识要点：同习题 84。

86．在文档中，要让标题居中，最方便快捷的操作是____。
　　（A）用空格键来调整
　　（B）用 Tab 键来调整
　　（C）使用"段落"选项组中的"居中"按钮
　　（D）用鼠标来定位调整
参考答案：（C）
知识要点：居中操作最方便快捷的方法是使用"居中"按钮（Ctrl+E）。

87．在 Word 2016 编辑中，下列关于分栏的说法，正确的是____。
　　（A）可以将指定的段落分成指定宽度的两栏
　　（B）任何视图下均可看到分栏效果
　　（C）设置的各栏宽度和间距与页面宽度无关
　　（D）栏与栏之间不可以设置分隔线
参考答案：（A）
知识要点：在分栏操作中，可以将指定的段落分成指定宽度的两栏。

88．在 Word 2016 编辑中，如果要设置行距小于单倍行距，则应先选择____再输入磅值。
　　（A）2 倍行距　　　　　　　　　　（B）1.5 倍行距
　　（C）固定值　　　　　　　　　　　（D）最小值
参考答案：（C）
知识要点：在行距设置中，如果设置为"倍"，则不是一个固定的值，会根据字体大小的变化而变化；如果设置为"固定值"，则是一个固定不变的行距，行中元素超高部分不能显示；如果设置为"最小值"，则行距不小于此值，如果行中有大的元素，Word 会相应地增加行间距。

89. 在 Word 2016 中，给每位家长发送一份《期末成绩通知单》，最简便的方法是____。
    （A）复制　　　　　　　　　　　　（B）信封
    （C）标签　　　　　　　　　　　　（D）邮件合并

    参考答案：（D）

    知识要点： 邮件合并操作可以打印生成具有相同格式，但内容不同的文档，方便制作信封、成绩单、准考证等。

90. 在 Word 中，一个汉字占据的显示位置是 1，则一个半角字符占据的显示位置是____。
    （A）0.5　　　（B）1　　　（C）1.5　　　（D）2

    参考答案：（A）

    知识要点： 存储一个汉字需要两个字节存储空间，存储一个半角字符需要一个字节存储空间。

91. 在 Word 中，用搜狗拼音输入法输入单个汉字时，字母键的设置____。
    （A）必须是大写　　　　　　　　　（B）必须是小写
    （C）可以是大字，也可以是小写　　（D）可以大小写混合

    参考答案：（B）

    知识要点： 用搜狗拼音输入法输入汉字时，字母键的设置必须是小写。

92. 在 Word 2016 编辑中，不选择文本就设置字体，则____。
    （A）不会对任何文本起作用　　　　（B）对插入点前文本起作用
    （C）对插入点后新输入的文本起作用（D）对所有文本都起作用

    参考答案：（C）

    知识要点： 不选择文本就设置字体，对插入点后新输入的文本起作用。

93. 在 Word 2016 编辑中，连续进行了两次"插入"操作，当单击一次"撤销"按钮后，则____。
    （A）第一次插入的内容取消　　　　（B）第二次插入的内容取消
    （C）两次插入的内容都取消　　　　（D）以上都不对

    参考答案：（B）

    知识要点： 执行"撤销"操作，撤销的是最近一次的操作。

94. Word 中，系统默认的字体是____。
    （A）宋体　　　（B）黑体　　　（C）楷体　　　（D）隶书

    参考答案：（A）

    知识要点： 系统默认的字体是宋体。

95. Word 中，系统默认的字号是____。
    （A）三号　　　（B）四号　　　（C）五号　　　（D）小四号

    参考答案：（C）

    知识要点： 系统默认的字号是五号。

96. 在 Word 2016 编辑中，拖动水平标尺上的"首行缩进"滑块，则____。
    （A）文档中所有段落的首行起始位置都发生改变
    （B）文档中所有行的起始位置都发生改变
    （C）文档中被选择段落的首行起始位置都发生改变

（D）以上说法都不对

参考答案：（C）

知识要点：拖动水平标尺上的"首行缩进"滑块，只对被选中段落或插入点所在段落产生效果。

97．在 Word 中，建立一个新文档的操作，以下说法错误的是____。
（A）组合键 Ctrl+N
（B）选择"快速访问工具栏"中的"新建"按钮
（C）选择"文件"菜单下的"新建"命令
（D）选择"开始"选项卡中的"新建"命令

参考答案：（D）

知识要点：使用（A）、（B）、（C）提供的方法均可新建一个文档。

98．在 Word 2016 中，"打开"文档的作用是____。
（A）将指定的文档从外存中读入，并显示出来
（B）将指定的文档从内存中读入，并显示出来
（C）为指定的文档打开一个空白窗口
（D）以上说法都不对

参考答案：（A）

知识要点："打开"文档是指将指定的文档从外存中读入，并显示出来。

99．在 Word 2016 编辑中，用鼠标将选定的一段文字拖到另一位置，则完成____。
（A）复制操作　　　　　　　　（B）删除操作
（C）移动操作　　　　　　　　（D）剪切操作

参考答案：（C）

知识要点：用鼠标将选定的一段文字拖到另一位置，则完成移动操作；如果同时按住 Ctrl 键，则完成复制操作。

100．在 Word 2016 编辑中，按住 Ctrl 键，同时用鼠标将选定的一段文字拖到另一位置，则完成____。
（A）复制操作　　　　　　　　（B）删除操作
（C）移动操作　　　　　　　　（D）剪切操作

参考答案：（A）

知识要点：同习题 99。

101．在 Word 2016 页面设置中，默认的纸张大小是____。
（A）A3　　　（B）A4　　　（C）A5　　　（D）16K

参考答案：（B）

知识要点：Word 2016 默认的纸张大小是 A4。

102．若想打印第 3 至 6 页以及第 8 页内容，在打印对话框的页码范围中应输入____。
（A）3，6，8　　　　　　　　（B）3-6，8
（C）3-6-8　　　　　　　　　（D）3，6-8

参考答案：（B）

知识要点：在打印设置中，如果页码之间用"-"分隔，表示打印连续页码范围；页码之间用"，"分隔，表示打印单独页码。

4.3 Word 2016 的图文混排操作

4.3.1 知识点分析

图文混排是 Word 的特色功能之一，可以在文档中插入图片、艺术字、文本框、自选图形等对象，实现图文并茂的效果。

本节主要掌握 Word 2016 图片、图形、文本框及艺术字的插入与编辑操作。

4.3.2 习题及解析

1．在 Word 2016 默认编辑状态下，用鼠标右键单击文档中的图片，将会____。
   （A）弹出快捷菜单　　　　　　　　（B）打开对话框
   （C）进入图片编辑状态　　　　　　（D）将图片加上边框

参考答案：（A）

知识要点：在 Word 2016 编辑中，用鼠标右键单击文档中的图片，将会弹出快捷菜单。

2．在 Word 2016 默认编辑状态下，用鼠标左键单击文档中的图片，将会____。
   （A）弹出快捷菜单　　　　　　　　（B）选中图片
   （C）进入图片编辑状态　　　　　　（D）将图片加上边框

参考答案：（B）

知识要点：在 Word 2016 编辑中，用鼠标左键单击文档中的图片，将会选中图片。

3．下面有关图形的操作，说法错误的是____。
   （A）按住 Shift 键后再拖动图形的控制点，可按比例改变图片的大小
   （B）按住 Alt 键后再拖动图形的控制点，可按比例改变图片的大小
   （C）可以将多个图形组合在一起进行操作
   （D）对选中的图片，可以裁剪为内置的形状

参考答案：（B）

知识要点：关于图形的操作，（A）、（C）、（D）选项均可实现。

4．在 Word 2016 编辑状态下，要绘制文本框应使用的选项卡是____。
   （A）插入　　　（B）开始　　　（C）文件　　　（D）视图

参考答案：（A）

知识要点：绘制文本框应使用"插入"选项卡。

5．在 Word 2016 中绘制一个标准的圆，应先选择椭圆工具按钮，再按住____键，然后拖动鼠标。
   （A）Shift　　　（B）Alt　　　（C）Ctrl　　　（D）Tab

参考答案：（A）

知识要点：在 Word 2016 中绘制图形时按住 Shift 键，可以绘制出直线、正方形、正圆形等标准图形。

6．在 Word 2016 编辑中，文本框内的文字____。
   （A）只能竖排　　　　　　　　　　（B）只能横排
   （C）不能改变文字方向　　　　　　（D）既可以竖排，也可以横排

参考答案：（D）

知识要点： Word 文本框内的文字既可以竖排，也可以横排。

7．关于 Word 2016 操作，以下说法错误的是____。
　　（A）单击"保存"按钮，就可以保存文件
　　（B）可将"艺术字"拖动到页面任何位置，不受页边距等的限制
　　（C）按住 Ctrl 键，拖动被选中的文本，可以复制文本
　　（D）以上说法都错误

参考答案：（D）

知识要点： 关于 Word 2016 操作，（A）、（B）、（C）选项说法均正确。

8．关于 Word 2016 文本框，下列说法正确的是____。
　　（A）在文本框中不可以插入图片
　　（B）在文本框中不可以使用项目符号
　　（C）Word 2016 提供了横排和竖排两种类型的文本框
　　（D）以上说法都不对

参考答案：（C）

知识要点： 在 Word 2016 文本框中，可以插入图片、图形及符号等对象，文本框内的文字可以横排和竖排。

9．Word 中可以设置____水印效果。
　　（A）图形　　　　　　　　　　　　（B）图片
　　（C）艺术字　　　　　　　　　　　（D）渐变填充

参考答案：（B）

知识要点： Word 2016 中，可以设置文字水印和图片水印效果。

10．在修改图形的大小时，若想保持其长宽比例不变，应____。
　　（A）用鼠标拖动四个角上的控制点
　　（B）按住 Shift 键，同时用鼠标拖动四个角上的控制点
　　（C）按住 Ctrl 键，同时用鼠标拖动四个角上的控制点
　　（D）按住 Alt 键，同时用鼠标拖动四个角上的控制点

参考答案：（B）

知识要点： 在调整图形大小时，按住 Shift 键，同时用鼠标拖动四个角上的控制点，可以等比例进行调整。

11．在 Word 2016 图文混排中，图片不可以____。
　　（A）嵌入文本行中　　　　　　　　（B）浮于文字上方
　　（C）左右型环绕　　　　　　　　　（D）上下型环绕

参考答案：（C）

知识要点： Word 2016 图片的环绕方式分为嵌入型、四周型环绕、紧密型环绕、穿越型环绕、上下型环绕、衬于文字下方和浮于文字上方。

12．在 Word 2016 编辑中，选定图形的方法是____。
　　（A）按 F2 键　　　　　　　　　　（B）双击图形
　　（C）单击图形　　　　　　　　　　（D）按住 Alt 键，单击图形

参考答案：（C）

知识要点：在 Word 2016 编辑中，选定图形的方法是单击图形，和选定图片操作类似。

4.4　Word 2016 的表格操作

4.4.1　知识点分析

Word 2016 提供了强大的表格功能，用户可以根据需要，制作出各种不同类型的表格。本节重点掌握表格的创建、表格行列的插入与删除、调整表格行高与列宽、单元格的合并与拆分、单元格对齐方式及表格边框和底纹的设置。

4.4.2　习题及解析

1. 选择整个表格后，按下 Delete 键，将____。
   （A）删除整个表格中的内容　　　　　（B）删除整个表格
   （C）取消表格的选择　　　　　　　　（D）会出现删除表格对话框

   参考答案：（A）

   知识要点：选定表格后，按下 Delete 键，将删除整个表格中的内容，表格的单元格将保留。

2. 在 Word 2016 表格操作中，按____键，可以移动到后一个单元格。
   （A）Tab　　　　（B）End　　　　（C）Home　　　　（D）Insert

   参考答案：（A）

   知识要点：在 Word 2016 表格中，按下 Tab 键，可以移动到后一个单元格。

3. 在 Word 2016 表格编辑中，合并两个有文本内容的单元格时，合并后将会出现的结果是____。
   （A）原来单元格中的文本将各自成为一个段落
   （B）原来单元格中的文本将合并成为一个段落
   （C）只保留前一个单元格中的文本
   （D）两个单元格中的文本都被删除

   参考答案：（A）

   知识要点：在 Word 2016 表格操作中，合并两个有文本内容的单元格时，合并后原来单元格中的文本将各自成为一个段落。

4. 关于 Word 2016 表格操作的叙述不正确的是____。
   （A）可以将表格中两个或多个单元格合并成一个单元格
   （B）可以将两张表格合成一张表格
   （C）不能将一张表格拆分成两张表格
   （D）可以为表格加上各种样式的边框线条

   参考答案：（C）

   知识要点：在 Word 2016 表格操作中，（A）、（B）、（D）选项的说法均正确。

5. 关于 Word 2016 表格行高的说法，正确的是____。
   （A）行高不能修改
   （B）行高只能用鼠标拖动来调整

（C）行高只能用选项卡来调整

（D）行高既可以用鼠标拖动来调整，也可以用选项卡来调整

参考答案：（D）

知识要点：可以使用鼠标拖动或者选项卡来调整 Word 2016 表格行的高度。

6. 在 Word 2016 中，关于表格的描述正确的是____。

（A）可以在文档中用鼠标绘制表格

（B）在表格单元格中不能绘制斜线

（C）表格的框线用户不能进行设置

（D）单元格中的文本对齐方式只有左对齐、居中和右对齐三种

参考答案：（A）

知识要点：在 Word 2016 表格操作中，可以使用鼠标绘制表格。

7. 在 Word 中关于表格的操作，下列说法正确的是____。

（A）可将文本转化为表格，但表格不能转化为文本

（B）可将表格转化为文本，但文本不能转化为表格

（C）文本和表格不能互相转化

（D）文本和表格可以互相转化

参考答案：（D）

知识要点：在 Word 2016 表格操作中，文本和表格可以互相转化。

8. 欲更改表格中的边框线条，可采用的操作是____。

（A）单击右键，在快捷菜单中选择"表格属性"命令

（B）使用"表格工具"中的"擦除"按钮

（C）使用"表格工具"中的"边框刷"按钮

（D）按 Del 键

参考答案：（C）

知识要点：在 Word 2016 表格操作中，可使用"边框刷"按钮来设置表格边框线条的样式。

9. 在 Word 2016 表格编辑中，当插入点在最一行最右边一个单元格时，按 Tab 键，下列说法正确的是____。

（A）插入点移动到表格外部　　　　　（B）表格添加一列

（C）表格添加一行　　　　　　　　　（D）没有任何效果

参考答案：（C）

知识要点：在 Word 2016 表格编辑中，当插入点在最一行最右边一个单元格时，按 Tab 键，表格将会添加一行。

10. 在 Word 表格最下方插入一行，正确的操作是____。

（A）将插入点定位至表格最右下方单元格，按 Tab 键

（B）将插入点定位至表格最右下方单元格，按 Enter 键

（C）将插入点定位至表格最后一行第一个单元格，按 Tab 键

（D）将插入点定位至表格最后一行第一个单元格，按 Enter 键

参考答案：（A）

知识要点：同习题 9。

11．在 Word 2016 表格编辑中，关于调整表格单元格的高度，说法错误的是____。
   （A）可以利用表格"自动套用格式"列表来调整
   （B）可以使用鼠标拖动来调整
   （C）可以在单元格中添加回车键来调整
   （D）可以拖动垂直标尺上的行标记来调整

参考答案：（A）

知识要点： 在 Word 2016 表格编辑中，使用"表格样式"列表，只是更改表格的边框底纹等样式，不会改变表格行的高度。

12．在 Word 2016 表格编辑中，合并单元格的正确操作是____。
   （A）选定要合并的单元格，按 Enter 键
   （B）选定要合并的单元格，按 Del 键
   （C）选定要合并的单元格，选择"布局"选项卡中的"合并单元格"按钮
   （D）选定要合并的单元格，选择"设计"选项卡中的"合并单元格"按钮

参考答案：（C）

知识要点： 合并单元格的正确操作是：选定要合并的单元格，选择"布局"选项卡中的"合并单元格"按钮。

13．在 Word 2016 表格编辑中，当插入点位于某行最后一个单元格外的行结束符前，按 Enter 键，则____。
   （A）在插入点所在行前插入一空行　　（B）在插入点所在行下插入一空行
   （C）插入点所在行的行高增加　　　　（D）对表格不起作用

参考答案：（B）

知识要点： 在 Word 2016 表格编辑中，当插入点位于某行最后一个单元格外的行结束符前，按 Enter 键，则在插入点所在行下方插入一空行。

14．选定表格的一列，再按 Del 键，说法正确的是____。
   （A）该列被删除　　　　　　　　　　（B）该行被删除
   （C）该列内容被删除　　　　　　　　（D）以上说法都不对

参考答案：（C）

知识要点： 选定表格的一列，再按 Del 键，仅删除该列的内容。

15．A、B 为上下两个列数不同的 Word 表格，若将两个表格合并，则____。
   （A）合并后的表格的列数为 A 表格的列数
   （B）合并后的表格的列数为 B 表格的列数
   （C）合并后的表格的列数为 A、B 列数较大者的列数
   （D）合并后表格上半部分具有 A 表格的列数，下半部分具有 B 表格的列数

参考答案：（D）

知识要点： 将两个表格合并后，新的表格上半部分具有 A 表格的列数，下半部分具有 B 表格的列数。

16．对于 Word 2016 表格操作，说法正确的是____。
   （A）对单元格只能水平拆分　　　　　（B）对单元格只能垂直拆分
   （C）对表格只能水平拆分　　　　　　（D）对表格只能垂直拆分

参考答案：（C）

知识要点：对 Word 2016 表格只能水平拆分，对单元格可以进行水平和垂直方向的拆分。

17．在 Word 2016 中表格操作中，可以实现选定表格一列的操作是____。
（A）使用 Alt+Enter 快捷键
（B）使用"设计"选项卡中的"选定表格"命令
（C）双击鼠标左键
（D）使用"表格工具"→"布局"→"选择"按钮

参考答案：（D）

知识要点：定位插入点，使用"表格工具"→"布局"→"选择"按钮，可以实现"选择列""选择行""选择表格"等操作。

18．关于 Word 2016 表格操作，说法错误的是____。
（A）可以删除表格中的某行　　　（B）可以删除表格中的某列
（C）不能删除表格中的某个单元格　（D）可以删除表格中的某个单元格

参考答案：（C）

知识要点：在 Word 2016 表格操作中，可以删除表格行、列或单元格。

19．关于 Word 表格的操作，以下说法正确的是____。
（A）可以调整每列的宽度，但不能调整高度
（B）可以调整宽度和高度，但不能修改表格边框线
（C）不能划斜线
（D）以上都不对

参考答案：（D）

知识要点：在 Word 2016 表格操作中，可以调整表格的宽度和高度，也能设置表格的边框线条样式。

20．在 Word 2016 编辑中，建立了 5 行 5 列的表格，除了表格最右下角单元格以外，其余单元格内均有数字，将插入点移至表格最右下角单元格后进行"公式"操作，则____。
（A）可以计算出行、列中数字的和　　（B）仅能计算出第 5 列中数字的和
（C）仅能计算出第 5 行中数字的和　　（D）不能进行计算

参考答案：（A）

知识要点：根据题意，Word 2016 表格可以计算出行、列中数字的和。

21．在"表格属性"对话框中不可以设置____。
（A）表格居中　　　　　　　　　（B）表格右对齐
（C）表格左对齐　　　　　　　　（D）表格浮于文字上方

参考答案：（D）

知识要点：在"表格属性"对话框中可以设置表格对齐方式、缩进、表格尺寸等，但不能设置表格浮于文字上方。

22．在 Word 2016 中，表格的自动调整不包括____。
（A）根据内容自动调整表格　　　（B）根据窗口自动调整表格
（C）固定列宽　　　　　　　　　（D）设置表格相同边框线条

参考答案：（D）

知识要点：表格的自动调整包括根据内容自动调整表格、根据窗口自动调整表格和固定列宽。

4.5 样式与目录

4.5.1 知识点分析

样式是字体格式与段落格式的设置组合。使用样式可以快速定义文档中标题、正文的格式，使文档具有风格一致的专业外观。

本节重点掌握样式应用、样式修改、新建样式及自动目录操作。

4.5.2 习题及解析

1. 下列关于样式说法，正确的是____。
   （A）样式分标题样式和段落样式两种
   （B）样式相当于一系列预置的排版命令，包含字符格式和段落格式
   （C）内置样式和自定义样式都不可以修改
   （D）内置样式和自定义样式都可以删除

   参考答案：（B）
   知识要点：样式是字体格式与段落格式的设置组合。

2. 下列关于样式说法，正确的是____。
   （A）所有样式都可以随意删除　　　（B）可以由用户自定义样式
   （C）样式中不包括字符样式　　　　（D）样式中不包括段落样式

   参考答案：（B）
   知识要点：在 Word 2016 中，用户可以新建和修改样式。

3. 在 Word 2016 新建段落样式时，可以设置字体、段落、编号等多项样式属性，以下不属于样式属性的是____。
   （A）制表位　　（B）语言　　（C）文本框　　（D）快捷键

   参考答案：（C）
   知识要点：样式属性设置不包括文本框。

4. 关于样式、样式库和样式集，以下表述正确的是____。
   （A）快速样式库中显示的是用户最为常用的样式
   （B）用户无法自行添加样式到快速样式库
   （C）多个样式库组成样式集
   （D）样式集中的样式存储在模板中

   参考答案：（A）
   知识要点：快速样式库中显示的是用户最为常用的样式。

5. 如果要将某个新建样式应用到文档中，无法完成样式的应用的方法是____。
   （A）使用快速样式库或样式任务窗格直接应用
   （B）使用查找与替换功能替换样式
   （C）使用格式刷复制样式
   （D）使用 Ctrl+W 快捷键重复应用样式

   参考答案：（D）
   知识要点：（A）、（B）、（C）选项均可将新建样式应用到文档中。

第 5 章 电子表格处理

5.1 Excel 2016 概述

5.1.1 知识点分析

Excel 2016 是微软公司开发的 Office 2016 办公集成软件中的组件之一，主要用于电子表格数据的处理。其功能强大，使用方便，囊括了数据的录入、编辑、排版、计算、图表显示、筛选、汇总等多项功能。通过它对各种复杂数据进行处理、统计、分析变得简单化，还能用图表的形式形象地把数据表示出来。随着计算机应用的普及 Excel 2016 已经广泛应用于办公、财务、金融、审计等众多领域。在大数据时代，学会使用 Excel 2016 处理和分析数据已是每一个人进入职场的必备技能。

5.1.2 习题及解析

1. Excel 2016 是由____公司研发的。
   （A）IBM （B）金山
   （C）Adobe （D）Microsoft

   参考答案：（D）

   知识要点：Microsoft 公司旗下的主要软件有 Windows 以及 Office，Excel 是 Office 办公软件中的组件之一。

2. Excel 2016 是一个在 Windows 操作系统下运行的____。
   （A）幻灯片制作软件 （B）文字处理软件
   （C）电子表格软件 （D）图形处理软件

   参考答案：（C）

   知识要点：Excel 2016 是一款功能强大的电子表格软件。

3. Excel 2016 的主要功能是____。
   （A）表格处理，文字处理，文件管理 （B）表格处理，图片处理，制作图表
   （C）表格处理，数据处理，制作图表 （D）表格处理，数据处理，图片处理

   参考答案：（C）

知识要点：Excel 2016 的基本功能包括表格的制作、数据的计算、图表的显示以及数据的处理。

4. 在 Excel 2016 中查看帮助信息可敲击键盘的____键。
　　（A）F1　　　　　　（B）F5　　　　　　（C）F7　　　　　　（D）F11

参考答案：（A）

知识要点：F1 查看帮助信息，F5 定位，F7 进行拼写检查，F11 建立图表。

5. 在 Excel 2016 中，工作簿名称出现在窗口区域的____中。
　　（A）标题栏　　　　　　　　　　　　（B）编辑栏
　　（C）状态栏　　　　　　　　　　　　（D）名称框

参考答案：（A）

知识要点：标题栏位于窗口的最顶层，工作簿名称显示在标题栏中间。

6. 在 Excel 2016 中，对于当前的工作窗口，可以使用____来移动窗口显示的位置。
　　（A）滚动条　　　（B）状态栏　　　（C）标尺　　　（D）任务栏

参考答案：（A）

知识要点：在工作窗口中，有垂直滚动条和水平滚动条，可以改变窗口所显示的单元格区域。

7. 在以下选项卡中不属于 Excel 2016 的是____。
　　（A）文件　　　　（B）开始　　　　（C）函数　　　　（D）审阅

参考答案：（C）

知识要点：Excel 2016 包含"文件""开始""插入""页面布局""公式""数据""审阅""视图"等选项卡，单击选项卡可以打开相应的功能区，每个功能区有多个组，通过组里面的按钮可以实现各种数据操作。

8. 保存文件的命令出现在____选项卡里。
　　（A）保存　　　　（B）开始　　　　（C）文件　　　　（D）数据

参考答案：（C）

知识要点：在"文件"选项卡中，主要包含了"保存""另存为""打开""关闭""新建""打印"等命令。

9. 在 Excel 2016"字体"组中有____个可以改变字形的按钮。
　　（A）二　　　　　（B）三　　　　　（C）四　　　　　（D）五

参考答案：（A）

知识要点：在"字体"组中有"加粗"和"倾斜"两个改变字形的按钮。

10. 利用 Excel 2016 的名称框，不能实现____。
　　（A）选定单元格区域　　　　　　　　（B）删除单元格区域
　　（C）为单元格或单元格区域定义名称　（D）选定已定义名称的区域或单元格

参考答案：（B）

知识要点：名称框的主要功能是显示选定单元格的地址、选定单元格区域、为单元格或单元格区域定义名称、选定已定义名称的单元格或单元格区域等功能，但不能删除单元格区域。

11. 在 Excel 2016 工作表中，活动单元格的地址显示在____内。
　　（A）名称框　　　　　　　　　　　　（B）编辑栏
　　（C）地址栏　　　　　　　　　　　　（D）状态栏

参考答案：（A）

知识要点：同习题 10。

12. 在 Excel 2016 的编辑状态下，当前正在输入的文字将显示在____。
    （A）编辑栏和当前单元格　　　　　　（B）当前单元格
    （C）编辑栏　　　　　　　　　　　　（D）名称框

参考答案：（A）

知识要点：编辑栏将显示单元格中的内容，若单元格中使用了公式，公式将显示在编辑栏中。

13. Excel 2016 工作簿文件的默认类型是____。
    （A）TXT　　　　（B）DOCX　　　　（C）XLS　　　　（D）XLSX

参考答案：（D）

知识要点：TXT 为文本文件，DOCX 是 Word 文档，XLS 是低版本的电子表格文件。

14. 在默认情况下，Excel 2016 每一个新建的工作簿文件第一张工作表的名字是____。
    （A）Sheet　　　（B）Sheet1　　　（C）Sheed1　　　（D）表 1

参考答案：（B）

知识要点：Excel 2016 工作簿默认有一张工作表，命名为 Sheet1，工作表可以增加或删除，但至少得包含一张工作表。工作簿的名字即文件名，所有工作表保存在工作簿中。

15. 下列关于 Excel 2016 的叙述中，正确的是____。
    （A）Excel 工作表的名称就是文件名称
    （B）Excel 允许一个工作簿中包含多个工作表
    （C）Excel 的图表必须与数据源处于同一张工作表中
    （D）Excel 将工作簿的每一张工作表作为一个文件进行保存

参考答案：（B）

知识要点：同习题 14。

16. 下面关于 Excel 2016 的说法正确的是____。
    （A）一个工作簿可以包含多个工作表
    （B）一个工作簿只能包含一个工作表
    （C）工作簿就是工作表
    （D）一个工作表可以包含多个工作簿

参考答案：（A）

知识要点：同习题 14。

17. 一个 Excel 2016 工作簿默认包含____张工作表。
    （A）1　　　　　（B）3　　　　　（C）255　　　　（D）256

参考答案：（A）

知识要点：同习题 14。

18. 一个 Excel 2016 工作簿至少包含____张工作表。
    （A）0　　　　　（B）1　　　　　（C）2　　　　　（D）3

参考答案：（B）

知识要点：同习题 14。

19. Excel 2016 新建的工作簿默认的工作表命名为____。

（A）Sheet1　　　（B）Book1　　　（C）表1　　　（D）表格1

参考答案：（A）

知识要点：同习题14。

20．可以用鼠标单击____，用以激活Excel 2016中所需的工作表。
（A）滚动条　　　　　　　　　（B）工作表标签
（C）工作表　　　　　　　　　（D）单元格

参考答案：（B）

知识要点：工作表标签位于窗口的左下角，可以通过鼠标单击工作表标签切换不同的工作表。

21．在Excel 2016的工作表中，最小的组成单元是____。
（A）工作表　　　　　　　　　（B）工作簿
（C）单元格　　　　　　　　　（D）行、列

参考答案：（C）

知识要点：单元格是工作表中最小的组成单元，单元格地址以字母+数字的方式进行标识，字母代表列，数字代表行，列在前，行在后。Excel 2016工作表中总共有1048576行，16384列。

22．Excel 2016工作表的行号以____进行标识。
（A）数字+字母　　　　　　　（B）字母+数字
（C）数字　　　　　　　　　　（D）字母

参考答案：（C）

知识要点：同习题21。

23．在默认方式下，Excel 2016单元格的地址以____标识。
（A）数字+字母　　　　　　　（B）字母+数字
（C）数字　　　　　　　　　　（D）字母

参考答案：（B）

知识要点：同习题21。

24．在工作簿中，一个Excel 2016工作表有____列。
（A）16384　　　（B）256　　　（C）16385　　　（D）255

参考答案：（A）

知识要点：同习题21。

25．在工作簿中，一个Excel 2016工作表有____行。
（A）1048576　　　（B）65536　　　（C）1048575　　　（D）65535

参考答案：（A）

知识要点：同习题21。

26．以下可以退出Excel 2016的方法是____。
（A）单击"开始"选项卡，再单击"退出"按钮
（B）单击"文件"选项卡，再单击"退出"按钮
（C）单击窗口右上角关闭按钮
（D）双击标题栏

参考答案：（C）

知识要点：双击标题栏可以最大化窗口。退出Excel 2016应用程序可以通过单击窗口右

上角关闭按钮、使用 Alt+F4 快捷键等方法进行实现。

27. 下列能退出 Excel 2016 的方法是____。

（A）选择"文件"选项卡中的"退出"按钮

（B）双击窗口左上角

（C）单击窗口左上角

（D）使用 Alt+F4 快捷键

参考答案：（D）

知识要点：同习题 21。

5.2 Excel 2016 的基本操作

5.2.1 知识点分析

Excel 2016 的基本操作主要包含了工作簿的建立和保存、输入和编辑工作表中的数据、单元格及工作表的使用等操作。

5.2.2 习题及解析

1. Excel 2016 工作簿的默认文件名是____。

（A）工作簿 1　　（B）工作簿　　（C）Sheet1　　（D）表格 1

参考答案：（A）

知识要点：工作簿就是一个 Excel 文件，其默认扩展名为.xlsx，默认的文件名是"工作簿 1"。

2. 在 Excel 2016 的"文件"选项卡中，有"保存"和"另存为"两个命令，下列说法中正确的是____。

（A）"保存"命令只能用原文件名存盘，"另存为"不能用原文件名

（B）"保存"命令不能用原文件名存盘，"另存为"只能用原文件名

（C）"保存"命令只能用原文件名存盘，"另存为"也能用原文件名

（D）"保存"和"另存为"命令都能用任意文件名存盘

参考答案：（C）

知识要点："保存"只能用原文件名及原地址进行覆盖式保存，"另存为"既可以使用原文件名及原地址，也可以使用另外的文件名及地址进行保存操作。

3. Excel 2016 工作窗口的最后一行被称着为状态栏，单击某个单元格等待数据输入时，状态栏显示____。

（A）等待　　（B）就绪　　（C）输入　　（D）编辑

参考答案：（B）

知识要点：Excel 2016 工作窗口的最后一行被称着为状态栏，其左侧显示当前的工作状态，当单击激活某个单元格时显示"就绪"，双击某个单元格或者录入数据时显示"输入"。

4. Excel 2016 工作窗口的最后一行被称着为状态栏，输入数据时，状态栏显示____。

（A）等待　　（B）就绪　　（C）输入　　（D）编辑

参考答案：（C）

知识要点：同习题 3。

5. 在 Excel 2016 工作表中，默认情况下，符号会自动____对齐。
   （A）靠左　　　　（B）靠右　　　　（C）居中　　　　（D）分散

   参考答案：（A）

   知识要点：在 Excel 2016 工作表中，默认情况下，数字、日期、时间自动右对齐，字母、符号、文字自动左对齐。

6. 在 Excel 2016 工作表中，默认情况下，数字会自动____对齐。
   （A）靠左　　　　（B）靠右　　　　（C）居中　　　　（D）分散

   参考答案：（B）

   知识要点：同习题 5。

7. 当使用 Excel 2016 进行文字输入时，在需要强制换行的地方按____键就可以实现换行操作。
   （A）Enter　　　　　　　　　　　　（B）Shift
   （C）Alt+Enter　　　　　　　　　　（D）Alt+Shift

   参考答案：（C）

   知识要点：在工作表中输入数据时，敲击"Enter"键将切换到下一行单元格，敲击 Alt+Enter 组合键将在同行单元格内强制换行操作。

8. 在单元格中输入身份证号码时，应在数字前加上____。
   （A）'　　　　　（B）：　　　　　（C）'　　　　　（D）"

   参考答案：（A）

   知识要点：在 Excel 2016 工作表中录入学号、手机号码、身份证号码等数据时，可以在数据前加上英文状态下的单引号"'"，完成数据录入后，单元格的左上角会出现一个绿色三角形。

9. 在 Excel 2016 中，下面的输入能显示 0.2 的方法是____。
   （A）0.2　　　（B）0 1/5　　　（C）1/5　　　（D）2/10

   参考答案：（A）

   知识要点：在进行数据录入时，若想得到分数效果，如"1/5"，需在分数前加上"0"和空格，例"0 1/5"，直接输入"1/5"得到的是日期型数据"1 月 5 日"。

10. 在 Excel 2016 中，下面的输入方法能直接显示 1/4 的是____。
    （A）0.25　　　（B）0 1/4　　　（C）1/4　　　（D）2/8

    参考答案：（B）

    知识要点：同习题 9。

11. 在默认情况下，输入数值"123456789012345"，显示为____。
    （A）123456789012345　　　　　　　（B）1.23457E+14
    （C）1.2345678E+14　　　　　　　　（D）1.23456E+14

    参考答案：（B）

    知识要点：在默认情况下，输入一串长数字数据时，系统会将以科学计数型表示数据，并保留 5 位小数。

12. 如果单元格中的数太长不能显示时，在单元内将显示一串____。
    （A）?　　　　　（B）*　　　　　（C）#　　　　　（D）!

参考答案：（C）

知识要点：在默认情况下，数据太长无法显示时，单元格内将显示一串"#"，增加列宽即可正确显示。

13. 在 Excel 2016 中，若想输入当前系统日期，可以通过____组合键快速完成。
    （A）Ctrl+A　　　　　　　　　　（B）Ctrl+;
    （C）Ctrl+Shift+A　　　　　　　（D）Ctrl+Shift+;

参考答案：（B）

知识要点：在 Excel 2016 工作表中，使用 Ctrl+;组合键可以直接得到系统当前的日期，使用 Ctrl+Shift+;组合键可以直接得到系统当前的时间，使用"/"或"-"可以输入日期型数据，如"2021/9/10""2021-9-10""9/10""9-10"。

14. 在 Excel 2016 中，若想输入当前系统时间，可以通过____组合键快速完成。
    （A）Ctrl+A　　　　　　　　　　（B）Ctrl+;
    （C）Ctrl+Shift+A　　　　　　　（D）Ctrl+Shift+;

参考答案：（D）

知识要点：同习题 13。

15. 如果在单元格输入数据"1/10"，Excel 2016 将把它识别为____数据。
    （A）分数型　　　　　　　　　　（B）数值型
    （C）日期型　　　　　　　　　　（D）货币型

参考答案：（C）

知识要点：同习题 13。

16. 在 Excel 2016 中，需要在单元格内输入日期时，年、月、日分隔符可以是____。
    （A）"/"或"-"　　　　　　　　　（B）"/"或"\"
    （C）"."或"-"　　　　　　　　　（D）"\"或"-"

参考答案：（A）

知识要点：同习题 13。

17. 在 Excel 2016 中，用户可以通过下拉列表的方式选择所需要的数据选项，该功能是在____里设置的。
    （A）单元格格式　　　　　　　　（B）数据类型
    （C）数据验证　　　　　　　　　（D）编辑

参考答案：（C）

知识要点：在 Excel 2016 中，"数据验证"能实现以下拉列表的方式进行数据项的选择。

18. 在 Excel 2016 中，要清除单元格内容，可以使用____键来进行清除操作。
    （A）Delete　　（B）Ctrl　　（C）Shift　　（D）Alt

参考答案：（A）

知识要点：在"开始"选项卡"编辑"组里的"清除"下拉列表中，可以根据需要选择"全部清除""清除格式""清除内容""清除批注"等选项，使用"Delete"键可以清除所选单元格中的数据，所有的清除操作单元格本身都保留不动。

19. 在 Excel 2016 中，清除数据操作的对象是数据，数据被清除后，单元格本身____。
    （A）保留不动　　　　　　　　　（B）向上移动
    （C）向下移动　　　　　　　　　（D）向左移动

参考答案：（A）

知识要点： 同习题 18。

20．在"开始"选项卡"编辑"组里的"清除"下拉列表中，叙述错误的是____。
（A）选择其中的"全部清除"命令，可以清除被选定单元格的格式、内容和批注。
（B）选择其中的"清除格式"命令，可以清除被选定单元格的格式
（C）选择其中的"清除内容"命令，可以清除被选定单元格的内容
（D）选择其中的"清除批注"命令，可以清除被选定单元格的内容和批注。

参考答案：（D）

知识要点： 同习题 18。

21．在 Excel 2016 编辑状态下，组合键 Ctrl+C 的功能是将选定的文本或图片____。
（A）复制到插入点的位置　　　　　　（B）由剪贴板复制到插入点
（C）粘贴到插入点的位置　　　　　　（D）复制到剪贴板上

参考答案：（D）

知识要点： 组合键 Ctrl+C 的功能是将选定的对象复制到剪贴板上，组合键 Ctrl+V 的功能是将剪贴板上的内容粘贴到插入点的位置。

22．在工作表的单元格内输入数据时，可以使用"自动填充"的方法，填充柄是选定区域____的小黑方块。
（A）左上角　　　　　　　　　　　　（B）左下角
（C）右上角　　　　　　　　　　　　（D）右下角

参考答案：（D）

知识要点： 选定的单元格或单元格区域的右下角的小黑方块，称其为"填充柄"，当鼠标移至其上方时，指针将变成黑色十字箭头，拖动鼠标将产生自动填充的效果。

23．在 Excel 2016 中，当鼠标移至填充柄上，鼠标指针将变为____。
（A）黑箭头　　　　　　　　　　　　（B）白十字
（C）黑十字　　　　　　　　　　　　（D）白箭头

参考答案：（C）

知识要点： 同习题 22。

24．在 Excel 2016 中，当鼠标指针移动到工作表被选定区域的填充柄上时，鼠标指针将变为____。
（A）白箭头　　　　　　　　　　　　（B）黑十字
（C）白十字　　　　　　　　　　　　（D）黑箭头

参考答案：（B）

知识要点： 同习题 22。

25．在 Excel 2016 数据输入时，可以采用自动填充的操作方法，它是根据初始值决定其后的填充项，若初始值为纯数字，拖动填充柄默认的效果是____。
（A）等差序列　　　　　　　　　　　（B）等比序列
（C）数据复制　　　　　　　　　　　（D）无效果

参考答案：（C）

知识要点： 在 Excel 2016 中，采用拖动填充柄自动填充数据时，若初始值是数值数据，填充效果是复制，按住 Ctrl 键拖动将产生一个等差差值为 1 的序列；若初始值是自定义序列

中的值，填充效果是序列，按住 Ctrl 键拖动将产生复制效果。

26. 在 Excel 2016 中，在连续单元格中输入"星期一"到"星期五"的字符时，可使用____功能。
    （A）复制　　　　　　　　　　　　（B）移动
    （C）自动计算　　　　　　　　　　（D）自动填充
参考答案：（D）
知识要点：同习题 25。

27. 在 Excel 2016 中，在单元格中输入一个数字后，按住____键拖动填充柄，可产生一个等差差值为 1 的序列。
    （A）Alt　　　　（B）Ctrl　　　　（C）Shift　　　　（D）Del
参考答案：（B）
知识要点：同习题 25。

28. 使用"自动填充"方法输入数据时，若在 B1 输出 3，B2 输入 5，然后选中 B1:B2 区域，再拖动填充柄至 B10，则 B1:B10 区域内各单元格填充的数据为____。
    （A）3，5，7，……21　　　　　　（B）全 0
    （C）全 3　　　　　　　　　　　　（D）全 5
参考答案：（A）
知识要点：在 Excel 2016 中，若选中相邻两个单元格且单元格数据是数值型时，采用拖动填充柄自动填充数据时，将产生一个以两个单元格数据的差值为等差的等差序列。

29. 使用"自动填充"方法输入数据时，若在 C1 输出 5，C2 输入 8，然后选中 C1，再拖动填充柄至 C10，则 C1:C10 区域内各单元格填充的数据为____。
    （A）5，8，11，……32　　　　　（B）全 0
    （C）全 5　　　　　　　　　　　　（D）全 8
参考答案：（C）
知识要点：同习题 28。

30. 使用"自动填充"方法输入数据时，若在 A1 输入 3，A2 输入 9，然后选中 A1:A2 区域，再拖动填充柄至 F2，则 A1:F2 区域内各单元格填充的数据为____。
    （A）A1:F1 为 3、A2:F2 为 9　　　（B）全 0
    （C）全 3　　　　　　　　　　　　（D）全 9
参考答案：（A）
知识要点：同上。

31. 在 Excel 2016 工作表中，D1，D2 单元格中数据分别为 1.2 和 3.2，若选定 D1:D2 区域并向下拖动填充柄，则 D3:D6 区域中的数据为____。
    （A）1.2，1.2，1.2，1.2　　　　　（B）1.2，2.2，3.2，4.2
    （C）1.2，3.2，1.2，3.2　　　　　（D）5.2，7.2，9.2，11.2
参考答案：（D）
知识要点：同习题 28。

32. 在 Excel 2016 中，下列序列不属于 Excel 自定义序列的是____。
    （A）Sun，Mon，Tue……　　　　（B）春天，夏天，秋天……
    （C）子，丑，寅……　　　　　　　（D）正月，二月，三月……

参考答案：（B）

知识要点： 可以通过"文件"选项卡中的"选项"命令，打开"Excel 选项"对话框，单击"高级"命令，选择"编辑自定义列表"，在"自定义序列"对话框中查看和添加序列。

33．如果需要建立自定义序列，可以使用____选项卡中的"选项"命令来建立自定义序列。
（A）文件　　　　（B）开始　　　　（C）插入　　　　（D）序列

参考答案：（A）

知识要点： 同习题 32。

34．在 Excel 2016 中，若要对工作表进行重命名操作，可以采用____。
（A）双击表格标题行　　　　　　　　（B）双击工作表标签
（C）单击表格标题行　　　　　　　　（D）单击工作表标签

参考答案：（B）

知识要点： 右击或双击工作表标签中相应的工作表，可以对工作表进行设置，如重命名，工作表名不能包含"*""？""/""\"等符号。可以通过按住 Ctrl 或 Shift 键来选择不连续或连续的多个工作表。

35．Excel 2016 工作表命名时可包括____符号在内。
（A）_　　　　（B）？　　　　（C）*　　　　（D）/

参考答案：（A）

知识要点： 同习题 34。

36．在 Excel 2016 中，如果要选取多个连续的工作表，可单击第一个工作表标签，然后按住____键，再单击最后一个工作表标签。
（A）Ctrl　　　　（B）Shift　　　　（C）Alt　　　　（D）Tab

参考答案：（B）

知识要点： 同习题 34。

37．在 Excel 2016 中，如果要选取多个非连续的工作表，可单击第一个工作表标签，然后按住____键，再单击其它工作表标签。
（A）Ctrl　　　　（B）Shift　　　　（C）Alt　　　　（D）Tab

参考答案：（A）

知识要点： 同习题 34。

38．Excel 2016 的"撤销"操作能够____。
（A）重复上次操作
（B）恢复对数据进行的上一次操作前的状态
（C）显示上一次操作
（D）显示上一次操作的内容

参考答案：（B）

知识要点： 通过组合键 Ctrl+Z 可以撤销对表格的格式化操作，使表格恢复到上一次操作之前的状态，但删除工作表、重命名工作表、插入工作表的操作是不能撤销的。

39．在 Excel 2016 工作表中，能进行撤销的操作是____。
（A）删除工作表　　　　　　　　　（B）重命名工作表
（C）格式化工作表　　　　　　　　（D）插入工作表

参考答案：（C）

知识要点： 同习题 38。

40．在 Excel 2016 中，如果重命名工作表，则____用 Ctrl+Z 组合键恢复。
（A）可以 （B）不能
（C）能 （D）不一定不能

参考答案：（B）

知识要点： 同习题 38。

41．在 Excel 2016 中，如果工作表被删除，则____用 Ctrl+Z 组合键恢复。
（A）可以 （B）不能
（C）能 （D）不一定不能

参考答案：（B）

知识要点： 同习题 38。

42．在 Excel 2016 中，可以使用冻结窗口的操作将____固定住，不随滚动条而移动。
（A）任选行或列 （B）任选行
（C）任选列 （D）上部或左部

参考答案：（D）

知识要点： 通过"视图"选项卡中的冻结窗口选项，能使选中单元格的上部或左部区域冻结住，不随滚动条而移动，便于查看数据。

43．为了在屏幕上同时显示两个工作表，要使用"视图"选项卡____按钮。
（A）新建窗口 （B）拆分窗口
（C）冻结窗口 （D）切换窗口

参考答案：（A）

知识要点： 通过"视图"选项卡中的新建窗口按钮，能同时显示同一工作簿下的两个不同工作表，便于查看数据。

44．在 Excel 2016 的工作表中，为了选取不连续的单元格区域，可以配合使用____键。
（A）Ctrl （B）Alt （C）Shift （D）Tab

参考答案：（A）

知识要点： 配合 Ctrl 键可以选择不连续的多个单元格或单元格区域，若要选择连续的单元格区域可以使用 Shift 键。

45．在 Excel 2016 的工作表中，为了选取连续的单元格区域，可以配合使用____键。
（A）Ctrl （B）Alt （C）Shift （D）Tab

参考答案：（C）

知识要点： 同习题 44。

46．在 Excel 2016 中，若将"整行"删除，删除后，则____。
（A）无法执行该操作 （B）上方行下移
（C）下方行上移 （D）保留空白行

参考答案：（C）

知识要点： 在工作表行列操作中，删除行，则该行下方行整体上移；删除列，该列右侧列整体左移。

47．在 Excel 2016 中，若将"整列"删除，删除后，则____。

（A）无法执行该操作　　　　　　　（B）右侧列左移
（C）左侧列右移　　　　　　　　　（D）保留空白列

参考答案：（B）

知识要点：同习题46。

48. 在 Excel 2016 中，当删除行或列时，后面的行或列会自动向____或____移动。
（A）下、右　　　　　　　　　　　（B）下、左
（C）上、右　　　　　　　　　　　（D）上、左

参考答案：（D）

知识要点：同习题46。

49. 在 Excel 2016 中，可在工作表中插入空白行的选项卡是____。
（A）文件　　　（B）开始　　　（C）插入　　　（D）视图

参考答案：（B）

知识要点：在"开始"选项卡的"单元格"组中，可以进行插入行、列，删除行、列等操作。

50. 在 Excel 2016 工作表中，可以在"审阅"选项卡里为单元格添加批注，添加批注后，其单元格____出现红色三角形。
（A）左上角　　　　　　　　　　　（B）右上角
（C）左下角　　　　　　　　　　　（D）右下角

参考答案：（B）

知识要点：在"审阅"选项卡里选择"新建批注"，可以为单元格添加批注，添加了批注的单元格右上角将出现红色三角形标记。

5.3　工作表的格式化

5.3.1　知识点分析

对工作表进行格式化操作，能使数据更加突出地显示，Excel 2016 有很丰富的格式化内容，使用这些格式能更有效地表述工作表数据，制作出美观的表格，满足用户个性化要求。

5.3.2　习题及解析

1. 在 Excel 2016 中，单元格中的数据可以是____。
（A）数值　　　　　　　　　　　　（B）字母
（C）汉字　　　　　　　　　　　　（D）以上都可以

参考答案：（D）

知识要点：在 Excel 2016 中，数据类型非常丰富，包含数值、货币、会计专用、日期、时间、百分比、分数、科学计数、文本、特殊、自定义。

2. 在 Excel 2016 中，单元格中的数据类型没有的是____。
（A）数值　　　　　　　　　　　　（B）货币
（C）科学计数　　　　　　　　　　（D）对象

参考答案：（D）

知识要点：同习题 1。

3. 在单元格中设定其格式为"数值"，小数位数为"0"时，当输入"58.63"后，显示为____。

　　（A）58　　　　　（B）58.63　　　　（C）59　　　　　（D）###

参考答案：（C）

知识要点："58.63"保留 0 位小数，四舍五入后为"59"。

4. 在 Excel 2016 格式化操作中可以进行各种颜色的设置，其中填充色是指____。

　　（A）边框颜色　　　　　　　　　　（B）字体颜色
　　（C）单元格区域中背景的颜色　　　（D）主题颜色

参考答案：（C）

知识要点：在 Excel 2016 格式化操作中，可以对数据的类型、对齐方式、字体、边框、填充色等进行相应的设置，其中填充色指的是单元格或单元格区域的背景色。当格式设置完成后可以使用格式刷将格式快速复制到其它单元格或单元格区域中去。

5. 格式刷可以快速复制格式，选取区域 A1:B3 并单击"格式刷"按钮，然后单击 D5 单元，则格式被复制到____中。

　　（A）D5　　　　（B）D5:E7　　　　（C）D5:E5　　　　（D）D5:E6

参考答案：（B）

知识要点：同习题 4。

6. 在 Excel 2016 中，要调整列宽，可以在____选项卡里进行操作。

　　（A）文件　　　　　　　　　　（B）开始
　　（C）页面布局　　　　　　　　（D）视图

参考答案：（B）

知识要点：工作表中的行高、列宽，可以通过拖动行号、列标的分隔线进行调整，也可以通过"开始"选项卡"单元格"组中的"格式"选项进行调整。

7. 在利用 Excel 2016 处理工资单时，对工资超过一定额度的值用醒目的方式表示（如用黄色底纹等），当要处理所有员工工资时，利用____方法最为方便。

　　（A）替换　　　　　　　　　　（B）条件格式
　　（C）数据筛选　　　　　　　　（D）定位

参考答案：（B）

知识要点：利用"开始"选项卡"样式"组的"条件格式"功能可以将满足条件的数据以突出的方式进行显示。

5.4　公式与函数

5.4.1　知识点分析

公式与函数是 Excel 2016 的核心功能，是最基本最重要的应用工具。公式与函数由等号"="开头，标志着计算的开始，可以包含运算符、常量、单元格地址和函数等。使用公式与函数可以高效地完成数据计算和数据分析处理，不但省事而且可以避免手工计算的复杂和出错，数据修改后，计算的结果也会自动地更新。

5.4.2 习题及解析

1. 在 Excel 2016 中，公式与函数必须以____开头。
   (A) =　　　　　(B) $　　　　　(C) /　　　　　(D) #

   参考答案：(A)

   知识要点：在 Excel 2016 中，公式与函数必须以等号"="开头，等号表示计算的开始。

2. 在 Excel 2016 公式中用来进行乘的符号为____。
   (A) +　　　　　(B) ×　　　　　(C) ^　　　　　(D) *

   参考答案：(D)

   知识要点：Excel 2016 提供了多个运算符用于公式计算，运算符包含：+（加）、−（减）、*（乘）、/（除）、%（百分号）、^（乘方）、&（字符连接符）、=（等于）、<>（不等于）、>（大于）、>=（大于等于）、<（小于）、<=（小于等于），其中等号的优先级最低。

3. 在 Excel 2016 公式中用来进行乘方的符号为____。
   (A) +　　　　　(B) ×　　　　　(C) ^　　　　　(D) *

   参考答案：(C)

   知识要点：同习题 2。

4. 在 Excel 2016 公式中用来进行除的符号为____。
   (A) ÷　　　　　(B) \　　　　　(C) /　　　　　(D) ^

   参考答案：(C)

   知识要点：同习题 2。

5. Excel 2016 中的文字连接符为____。
   (A) $　　　　　(B) #　　　　　(C) &　　　　　(D) +

   参考答案：(C)

   知识要点：同习题 2。

6. 在 Excel 2016 提供的以下运算符中，优先级最低的是____。
   (A) %　　　　　(B) ^　　　　　(C) +　　　　　(D) =

   参考答案：(D)

   知识要点：同习题 2。

7. 在工作表中，如果单击输入有公式的单元格，则单元格显示____。
   (A) 公式　　　　　　　　　　(B) 公式的结果
   (C) 公式和结果　　　　　　　(D) 空白

   参考答案：(B)

   知识要点：在工作表中，当公式输入完成后单击编辑栏中的"√"按钮或者敲击回车可以使 Excel 产生计算，此时单元格将显示结果，在编辑栏中显示所使用的公式，若敲击 F2 键也可以在选中的单元格中显示所使用的公式。

8. 在工作表中，如果单击输入有公式的单元格，则编辑栏显示____。
   (A) 公式　　　　　　　　　　(B) 公式的结果
   (C) 公式和结果　　　　　　　(D) 空白

   参考答案：(A)

   知识要点：同习题 7。

9. 在工作表中，如果单击输入有公式的单元格，敲击键盘____，则可以在单元格中显示所输入的公式。

（A）F1　　　　　　（B）F2　　　　　　（C）F5　　　　　　（D）F11

参考答案：（B）

知识要点：同习题 7。

10. 在单元格中输入公式或者函数后，单击编辑栏"√"按钮，也相当于敲击键盘____键。

（A）Del　　　　　　（B）Esc　　　　　　（C）Enter　　　　　　（D）Shift

参考答案：（C）

知识要点：同习题 7。

11. 在 Excel 2016 中，在单元格中输入____，则该单元格显示 0.5。

（A）1/2　　　　　　（B）"2/4"　　　　　　（C）="2/4"　　　　　　（D）=2/4

参考答案：（D）

知识要点：在 Excel 2016 中提供了多个运算符，包含：+（加）、−（减）、*（乘）、/（除）、%（百分号）、^（乘方）、&（字符连接符）、=（等于）、<>（不等于）、>（大于）、>=（大于等于）、<（小于）、<=（小于等于），公式和函数均以等号开头。

12. 若在单元格中输入公式，以下正确的方法是____。

（A）=F8<>G6　　　　　　　　　　（B）E8+7

（C）G8+I6　　　　　　　　　　　（D）D8&G6

参考答案：（A）

知识要点：同习题 11。

13. 在 Excel 2016 中，若 A2 单元格内容为"李雪"，B2 单元格内容为 100，要使 C2 单元格的内容得到"李雪成绩为 100"，则公式为____。

（A）=A2+成绩为+B2　　　　　　　（B）=A2+"成绩为"+B2

（C）=A2&+成绩为+&B2　　　　　　（D）=A2&"成绩为"&B2

参考答案：（D）

知识要点：在公式或函数运算时，可以用单元格的地址或名称取代其具体值，字符串在进行运算时用英文双引号括起来。

14. 在 Excel 2016 中，若 A1 为"20"，B1 为"40"，在 C1 输入公式"=A1+B1"，则 C1 的值为____。

（A）20　　　　　　（B）40　　　　　　（C）60　　　　　　（D）2040

参考答案：（C）

知识要点：同习题 13。

15. 在 Excel 2016 中，若 A1 为"30"，B1 为"50"，A2 为"10"，B2 为"20"，在 C1 输入公式"=A1+B1"，将公式从 C1 复制到 C2，则 C2 的值为____。

（A）80　　　　　　（B）30　　　　　　（C）40　　　　　　（D）70

参考答案：（B）

知识要点：相对地址在复制过程中会根据相对移动的位置来改变公式和函数中的地址，绝对地址能使该地址在公式和函数引用中固定不变，不受位置的变化的影响，混合地址相对部分会随位置变化，绝对部分固定不变。绝对地址符号是"$"。

16. 在 Excel 2016 中，若 A1 为"30"，B1 为"50"，A2 为"10"，B2 为"20"，在

C1 输入公式"=A1+B1",将公式从 C1 复制到 C2,再将公式复制到 D2,则 D2 的值为____。

(A) 80　　　　　(B) 30　　　　　(C) 50　　　　　(D) 70

参考答案:(C)

知识要点:同习题 15。

17. 在 Excel 2016 中,若 A1 为"30",B1 为"50",在 C1 输入公式"=$A1+B$1",则 C1 的值为____。

(A) 80　　　　　(B) 30　　　　　(C) 50　　　　　(D) 70

参考答案:(A)

知识要点:同习题 15。

18. 在 Excel 2016 中,若 A1 为"30",B1 为"50",A2 为"10",B2 为"20",在 C1 输入公式"=$A1+B$1",将公式从 C1 复制到 C2,则 C2 的值为____。

(A) 80　　　　　(B) 30　　　　　(C) 50　　　　　(D) 60

参考答案:(D)

知识要点:同习题 15。

19. 在 Excel 2016 中,若 A1 为"30",B1 为"50",A2 为"10",B2 为"20",在 C1 输入公式"=$A1+B$1",将公式从 C1 复制到 C2,再将公式复制到 D2,则 D2 的值为____。

(A) 80　　　　　(B) 30　　　　　(C) 50　　　　　(D) 90

参考答案:(D)

知识要点:同习题 15。

20. 在工作表中,单元格 D3、F5 的数据分别为 50、100,若在单元格 C1 中输入公式"=D3>F5",则 C1 的值为____。

(A) YES　　　　(B) NOT　　　　(C) TRUE　　　　(D) FALSE

参考答案:(D)

知识要点:在 Excel 2016 中,"TRUE"代表逻辑真,"FALSE"代表逻辑假。

21. 在 Excel 2016 中,若在 A2 单元格中输入"=57>=57",则显示结果为____。

(A) 57>=57　　　　　　　　　　(B) =57>=57

(C) TRUE　　　　　　　　　　　(D) FALSE

参考答案:(C)

知识要点:同习题 20。

22. 设 B1 单元中的数值为 50,在 C3、D4 单元格中分别输入"="B1"-9"和"=B1-"9"",则____。

(A) C3 单元与 D4 单元格中均显示 41

(B) C3 单元格中显示#VALUE!,D4 单元格中显示 41

(C) C3 单元格中显示 41,D4 单元格中显示#VALUE!

(D) C3 单元与 D4 单元格中均显示#VALUE!

参考答案:(B)

知识要点:计算结果为"#VALUE!"表示不正确的参数或运算符。

23. 在 Excel 2016 中,如果需要引用同一工作簿的其它工作表的单元格或单元格区域,则在工作表名与单元格或单元格区域之间用____连接。

(A) !　　　　　(B) :　　　　　(C) $　　　　　(D) &

参考答案:(A)

知识要点: 在引用不同工作表的单元格或单元格区域时,工作表名与单元格或单元格区域之间使用"!"连接。

24. 在 Excel 2016 工作表中,下列正确的连续区域表示方法是____。
    (A) B1#D2   (B) B1..E4
    (C) B1:F5   (D) Bl,G6

参考答案:(C)

知识要点: 在单元格区域的引用中,逗号","表示不连续的区域,冒号":"表示连续的单元格区域,空格" "表示交集区域。

25. Excel 2016 工作表中,单元格区域 D2:E4 所包含的单元格个数是____。
    (A) 2   (B) 4   (C) 6   (D) 8

参考答案:(C)

知识要点: 同习题 24。

26. 如果在 A1、B1 和 C1 三个单元格分别输入数据 1、2 和 3,再选择单元格 D1,当单击按钮"Σ"时,在单元格 D1 中显示的是____。
    (A) =SUM(A1:C1)   (B) 6
    (C) =AVERAGE(A1:C1)   (D) =COUNT(A1:C1)

参考答案:(A)

知识要点: Excel 2016 提供了丰富的函数以帮助用户进行数据处理,常用函数如下:"SUM"求和,"AVERAGE"算术平均值,"RANK.EQ"相对排序,"MAX"最大值,"MIN"最小值,"COUNT"计算包含数字的单元格的个数,"COUNTA"计算非空单元格的个数等,函数在使用时函数名不区分大小写。

27. 在 Excel 2016 中,函数"=SUM(A1,B1:C2)"的含义是____。
    (A) =A1+B1+C2   (B) =A1+B1+C1+B2+C2
    (C) =A1+B1+C1+C2   (D) =A1+B1+B2+C2

参考答案:(B)

知识要点: 同习题 26。

28. 在 Excel 2016 中,函数"=AVERAGE(A1:A4)"等价于下列公式中的____。
    (A) =(A1+A4)/4   (B) =A1+A2+A3+A4/4
    (C) =(A1+A2+A3+A4)/4   (D) =A1+A2+A3+A4

参考答案:(C)

知识要点: 同习题 26。

29. 在 Excel 2016 中,可以用于计算相对排位的函数是____。
    (A) Max   (B) Rank.eq   (C) Sum   (D) Count

参考答案:(B)

知识要点: 同习题 26。

30. 在 Excel 2016 中,Max 函数的功能是____。
    (A) 求指定区域的最大值   (B) 求指定区域的最小值
    (C) 求指定区域之和   (D) 求指定区域平均数

参考答案:(A)

知识要点：同习题 26。

31. 在 Excel 2016 中，可以用于统计非空单元格的个数的函数是____。
    （A）Max　　　　（B）Counta　　　　（C）Sum　　　　（D）Count
    参考答案：（B）
    知识要点：同上。

32. 在 Excel 2016 中，可以用于计算参数的算术平均值的函数是____。
    （A）Max　　　　（B）Average　　　　（C）Averageif　　　　（D）Averageifs
    参考答案：（B）
    知识要点：同习题 26。

33. 在 Excel 2016 中，绝对地址前面应使用____符号。
    （A）!　　　　（B）$　　　　（C）#　　　　（D）@
    参考答案：（B）
    知识要点：Excel 2016 单元格地址有相对地址、绝对地址和混合地址三种类型，例如："A2" "A2" "A$2" "$A2"。

34. 在 Excel 2016 中，下列地址为绝对地址的是____。
    （A）E5　　　　（B）$D10　　　　（C）B$9　　　　（D）H2
    参考答案：（A）
    知识要点：同上。

35. 在 Excel 2016 中，下列地址为相对地址的是____。
    （A）F$2　　　　（B）$D5　　　　（C）E9　　　　（D）D8
    参考答案：（D）
    知识要点：同习题 33。

36. 在 Excel 2016 中，下列地址为混合地址的是____。
    （A）F2　　　　（B）$E2　　　　（C）$F$9　　　　（D）D6
    参考答案：（B）
    知识要点：同习题 33。

37. 在 Excel 2016 中，由于输入或者参数有误，在计算时将产生错误，错误的值是以____开头。
    （A）&　　　　（B）*　　　　（C）#　　　　（D）?
    参考答案：（C）
    知识要点：在 Excel 2016 中，若计算产生错误，单元格中会出现错误信息提示，常见的错误提示如下："#REF!"表示引用了无效的单元格，"#VALUE!"表示不正确的参数或运算符，"#NUM!"表示数据类型不正确，"#DIV/0!"表示被除数为 0。

38. 在 Excel 2016 计算中，由于输入或者参数有误，在计算时将产生错误，此时会出现一个错误信息提示，#REF!表示____。
    （A）交集为空　　　　（B）不能识别的名字
    （C）数据类型不正确　　　　（D）引用了无效的单元格
    参考答案：（D）
    知识要点：同习题 37。

39. 在 Excel 2016 计算中，由于输入或者参数有误，在计算时将产生错误，此时会出现一个错误信息提示，#VALUE!表示____。

  （A）交集为空   （B）不正确的参数或运算符
  （C）不能识别的名字   （D）引用了无法使用的数值

参考答案：（B）

知识要点：同习题 37。

40．在 Excel 2016 计算中，由于输入或者参数有误，在计算时将产生错误，此时会出现一个错误信息提示，#NUM!表示____。

  （A）交集为空   （B）不正确的参数或运算符
  （C）数据类型不正确   （D）引用了无法使用的数值

参考答案：（C）

知识要点：同习题 37。

41．在 Excel 2016 计算中，由于输入或者参数有误，在计算时将产生错误，此时会出现一个错误信息提示，#DIV/0!表示____。

  （A）被除数为 0   （B）不正确的参数或运算符
  （C）数据类型不正确   （D）引用了无法使用的数值

参考答案：（A）

知识要点：同习题 37。

5.5　图表

5.5.1　知识点分析

图表是将工作表中的数据用图形表示出来，图表具有较好的视觉效果，可以使用户更直观地观察数据，可以帮助用户更好地分析和比较数据。

5.5.2　习题及解析

1．在 Excel 2016 中，可以创建多种类型的图表，在默认情况下，图表和数据源放置在____工作表中。

  （A）不同的   （B）相邻的
  （C）同一张   （D）另一工作簿的第一张

参考答案：（C）

知识要点：Excel 2016 提供了强大的图表制作功能，所包含的图表类型主要有"柱形图""折线图""饼图""条形图""面积图"等，默认情况下是在当前数据源所在的工作表中创建类型为柱形的二维图表。

2．在 Excel 2016 中，可以插入各种类型的图表，其默认的图表类型是二维的____图。

  （A）饼   （B）折线   （C）条形   （D）柱形

参考答案：（D）

知识要点：同习题 1。

3．用 Excel 2016 可以创建各类图表，如条形图、柱形图等。为了显示每个数值占总数值的大小比例关系，应该选择____。

（A）条形图 （B）柱形图
（C）饼图 （D）折线图

参考答案：（C）

知识要点：饼图可以显示每个数值占总数值的大小和比例关系。

4. 在 Excel 2016 中，选定数据源然后通过"插入"选项卡可以生成各种类型的图表，生成的图表的数据称为____。

（A）数据系列 （B）数组
（C）数据区 （D）数据源

参考答案：（A）

知识要点：在图表中，生成的图表数据称为数据系列。

5. 在 Excel 2016 中，图表中____会随着工作表中数据的改变而发生相应的变化。

（A）图表标题 （B）数据系列的值
（C）图表类型 （D）图表位置

参考答案：（B）

知识要点：Excel 2016 提供了强大的图表制作功能，图表数据也能动态变化，当数据源的数据发生变化时系列的值也会随之立即改变。

6. 在 Excel 2016 工作表中建立图表后，下列说法中正确的是____。

（A）如果改变了数据源，图表不变
（B）如果改变了数据源，图表也将立刻随之改变
（C）如果改变了数据源，图表将在下次打开工作簿文件时改变
（D）如果改变了数据源，图表将消失

参考答案：（B）

知识要点：同习题5。

7. Excel 2016 中，图表是动态变化的，当修改了数据源时，与数据源相关的图表将____。

（A）自动改变 （B）不变
（C）出现错误提示 （D）用红色颜色显示变化

参考答案：（A）

知识要点：同习题5。

8. 若要改变工作表中已生成的图表的类型，单击图表，在____选项卡中选择一个新的图表类型。

（A）视图 （B）设计
（C）布局 （D）格式

参考答案：（B）

知识要点：在 Excel 2016 中选中图表，在"图表工具"中有"设计"和"格式"两个选项卡供用户选择使用，"设计"中主要改变图表的类型、数据源、图表布局、样式、标题、坐标轴、图例、数据标签等，"格式"中主要改变形状样式、艺术字样式、排列等。

9. 在 Excel 2016 中，若要给无标题的图表加标题或者更改标题的位置，首先单击图表，然后选择"图表工具"中的____选项卡。

（A）设计 （B）标题
（C）布局 （D）编辑

参考答案：（A）

知识要点： 同习题 8。

10. 如果在工作表中既有数据表又有图表，当执行"保存"操作时，Excel 2016 将____。
    - （A）只保存其中的工作表
    - （B）只保存其中的图表
    - （C）把工作表和图表保存到一个文件中
    - （D）把工作表和图表分别保存到两个文件中

参考答案：（C）

知识要点： 在进行保存操作时，图表和工作表保存在同一个文件中。

5.6 数据管理

5.6.1 知识点分析

Excel 2016 提供了强大的数据管理功能，可以方便地管理和分析数据，实现数据的输入、修改、增加、删除、查询、排序、筛选、分类汇总等操作。

5.6.2 习题及解析

1. 在 Excel 2016 的工作表中，数据清单中的行代表的是一个____。
   - （A）域　　　（B）记录　　　（C）字段　　　（D）表

参考答案：（B）

知识要点： 在 Excel 2016 的工作表中，数据表也称为数据清单，其中的行代表记录，列代表字段，每个字段的数据的类型应该是一致的。

2. 在 Excel 2016 的工作表中，数据清单中的列代表的是一个____。
   - （A）域　　　（B）记录　　　（C）字段　　　（D）表

参考答案：（C）

知识要点： 同习题 1。

3. 在 Excel 2016 中，要求数据清单区域的每一列中的数据类型必须____。
   - （A）不同　　　（B）类似　　　（C）数值相等　　　（D）相同

参考答案：（D）

知识要点： 同习题 1。

4. 在 Excel 2016 的数据管理操作中，自动筛选是对____。
   - （A）记录进行设定条件的筛选
   - （B）字段进行设定条件的筛选
   - （C）行号进行设定条件的筛选
   - （D）列号进行设定条件的筛选

参考答案：（B）

知识要点： 自动筛选可以对单字段或多字段设定条件进行筛选操作，但多字段之间只能是"与"关系。在"数据"选项卡中能进行高级筛选操作，高级筛选能完成单字段或多字段的"与"和"或"关系的条件设定，条件同行属于"与"关系，条件不同行属于"或"关系。

5. 在 Excel 2016 中，在____选项卡中的按钮能对数据表进行高级筛选。
   - （A）文件　　　（B）开始　　　（C）视图　　　（D）数据

参考答案：（D）

知识要点： 同习题 4。

6. 在 Excel 2016 中，关于"筛选"的正确叙述是____。

    （A）自动筛选和高级筛选都可以将筛选结果显示在其它区域

    （B）不同字段之间进行"或"运算必须使用高级筛选

    （C）自动筛选只能设定一个条件，高级筛选的条件可以设定多个

    （D）如果所设定的条件出现在多个字段中，且条件间是"与"关系，那么必须使用高级筛选

参考答案：（B）

知识要点： 同习题 4。

7. 在 Excel 2016 中，对数据表进行高级筛选时，下面关于条件区域的叙述中错误的是____。

    （A）条件同行代表"或"关系

    （B）可以定义多个条件

    （C）条件字段名与数据表中的字段名必须完全相同

    （D）条件区域必须有字段名行

参考答案：（A）

知识要点： 同习题 4。

8. 在 Excel 2016 中，若要使用工作表 Sheet2 中的区域 A1:A2 作为条件区域，在工作表 Sheet1 中进行数据筛选，则指定条件区域应该是____。

    （A）Sheet2A1:B2   （B）Sheet2!A1:B2

    （C）Sheet2#A1:B2   （D）A1:B2

参考答案：（B）

知识要点： 引用其它工作表的单元格或单元格区域时，工作表名与单元格或单元格区域使用感叹号"!"进行连接。

9. 在 Excel 2016 中，高级筛选的条件区域在____。

    （A）数据表区域的左面   （B）数据表区域的下面

    （C）数据表区域的右面   （D）以上均可

参考答案：（D）

知识要点： 在进行高级筛选时，需要在数据区域的四周录入所需要设定的筛选条件。

10. 用筛选条件"工龄>20 与工资>5000"对数据表进行筛选后，筛选的结果是____。

    （A）工资>5000 的记录   （B）工龄>20 且工资>5000 的记录

    （C）工龄>20 的记录   （D）工龄>20 或工资>5000 的记录

参考答案：（B）

知识要点： 在 Excel 工作进行筛选时，"逻辑与"就是"且"，代表多个条件必须同时满足，"或"代表多个条件满足其中之一即可。

11. 用 Excel 2016 创建了一个各班级学生的成绩汇总表，要按照班级统计出某门课程的平均分，需要使用的方式是____。

    （A）数据筛选   （B）排序

    （C）合并计算   （D）分类汇总

参考答案：（D）

知识要点：Excel 2016 分类汇总可以按照某一列对数据表进行汇总，汇总前先按某一列对数据表进行排序，汇总的方式有求和、平均值、最大值、最小值等。

12．在 Excel 2016 数据管理的应用中，分类汇总适合按____字段进行分类。

  （A）一个　　　　　　　　　　　　（B）两个
  （C）三个　　　　　　　　　　　　（D）多个

参考答案：（A）

知识要点：同习题 11。

13．在 Excel 2016 中，下面关于分类汇总的叙述错误的是____。

  （A）分类汇总前必须按关键字段进行排序
  （B）汇总方式只能是求和
  （C）分类汇总的关键字段只能是一个字段
  （D）分类汇总可以被删除

参考答案：（B）

知识要点：同习题 11。

5.7 工作表的打印

5.7.1 知识点分析

在 Excel 2016 完成数据录入和处理后可以在"页面设置"对话框中设置纸张的参数，然后在"文件"选项卡中预览和打印数据表。

5.7.2 习题及解析

1．在"页面设置"对话框中，选择"页边距"标签，该对话框中设有____个框给出工作表与各纸边的距离。

  （A）2　　　　（B）3　　　　（C）4　　　　（D）5

参考答案：（C）

知识要点：在"页面布局"选项卡中可以打开"页面设置"对话框，在"页边距"设置中可以调整上、下、左、右 4 个工作表与纸边的距离以及页眉和页脚的距离。

2．在 Excel 2016 中，打印工作表前就能看到实际打印效果的操作是____。

  （A）仔细观察工作表　　　　　　　　（B）打印预览
  （C）分页预览　　　　　　　　　　（D）按 F8 键

参考答案：（B）

知识要点：在编辑完成后选择打印预览，打印预览效果就是实际打印的效果，无误后使用"文件"选项卡中的打印命令进行打印。

3．在 Excel 2016 中，____选项卡中的命令能打印工作表。

  （A）文件　　　　（B）开始　　　　（C）视图　　　　（D）打印

参考答案：（A）

知识要点：同习题 2。

5.8 保护数据

5.8.1 知识点分析

为了提升数据的安全性，可以使用一些安全保护机制使数据得到有效地保护，如设置密码，禁止无关人员访问数据；保护工作表，禁止无关人员修改数据等。

5.8.2 习题及解析

1. 在____选项卡中能对工作表的数据进行只读保护。
   （A）文件　　　　　（B）公式　　　　　（C）数据　　　　　（D）审阅

   参考答案：（D）

   知识要点：为了增加数据的安全性，可以使用"审阅"选项卡"更改"组里的"保护工作表""保护工作簿"等命令对数据进行保护操作。

第 6 章　演示文稿制作

6.1　PowerPoint 2016 基础

6.1.1　知识点分析

PowerPoint 2016 是美国微软公司推出的幻灯片制作与播放软件,它能帮助用户以简单的可视化操作,快速创建具有精美外观和极富感染力的演示文稿,帮助用户图文并茂地表达自己的观点、传递信息等。

6.1.2　习题及解析

1．PowerPoint 2016 是____家族中的一员。
　　(A) Linux　　　　(B) Windows　　　(C) Office　　　(D) Word
参考答案:(C)
知识要点:PowerPoint 2016 是美国微软公司推出的幻灯片制作与播放软件,是 Office 2016 套装办公软件中的重要组件。

2．PowerPoint 2016 的主要功能是____。
　　(A) 电子演示文稿处理　　　　　　　(B) 声音处理
　　(C) 图像处理　　　　　　　　　　　(D) 文字处理
参考答案:(A)
知识要点:PowerPoint 2016 帮助用户以简单的可视化操作,快速创建具有精美外观和极富感染力的演示文稿,帮助用户图文并茂地表达自己的观点、传递信息等,可以达到丰富的多媒体演示效果。

3．演示文稿与幻灯片的关系是____。
　　(A) 演示文稿和幻灯片是同一个对象　　(B) 幻灯片由若干个演示文稿组成
　　(C) 演示文稿由若干个幻灯片组成　　　(D) 演示文稿和幻灯片没有联系
参考答案:(C)
知识要点:演示文稿由若干个幻灯片组成。

4．____不是"插入"选项卡工具命令。

(A) 视频、音频　　　　　　　　　(B) 图片、剪贴画、形状
(C) 图表、文本框、艺术字　　　　(D) 表格、公式、符号

参考答案：（A）

知识要点：在"插入"选项卡中可以完成表格、图像、插图、链接、文本、符号和媒体等设置。

5. ＿＿不是"开始"选项卡工具命令。
   (A) 批注　　　　　　　　　　　(B) 新建幻灯片
   (C) 设置段落格式　　　　　　　(D) 查找

参考答案：（A）

知识要点：在"开始"选项卡中可以完成剪贴板、字体、段落、样式和编辑等设置。

6. ＿＿不是 PowerPoint 2016 的功能区组成部分。
   (A) 快速访问工具栏　　　　　　(B) 菜单栏
   (C) 选项卡　　　　　　　　　　(D) 标题栏

参考答案：（B）

知识要点：工作界面由快速访问工具栏、标题栏、选项卡、功能区、幻灯片/大纲浏览窗格、幻灯片窗格、备注窗格、状态栏、视图按钮、显示比例按钮等部分组成。

7. PowerPoint 2016 的优点是＿＿。
   (A) 带来更多视觉美感
   (B) 个性化视频体验
   (C) 使用图形等工具创建高质量的演示文稿
   (D) 以上全是

参考答案：（D）

知识要点：PowerPoint 2016 可以帮助用户以简单的可视化操作，快速创建具有精美外观和极富感染力的演示文稿，帮助用户图文并茂地表达自己的观点、传递信息等，可以达到丰富的多媒体演示效果。

8. ＿＿不是 PowerPoint 2016 的操作界面的组成部分。
   (A) 功能区　　　　　　　　　　(B) 工作区
   (C) 状态区　　　　　　　　　　(D) 显示区

参考答案：（D）

知识要点：工作界面由快速访问工具栏、标题栏、选项卡、功能区、幻灯片/大纲浏览窗格、幻灯片窗格、备注窗格、状态栏、视图按钮、显示比例按钮等部分组成。

9. 在 PowerPoint 2016 中，打开"查找"对话框的快捷键是＿＿。
   (A) Ctrl+H 键　　　　　　　　　(B) Ctrl+F 键
   (C) Ctrl+Shift+P 键　　　　　　(D) Ctrl+Shift+F 键

参考答案：（B）

知识要点：PowerPoint 2016 中快捷键的使用。

10. 下列选项中，＿＿不属于 PowerPoint 2016 的窗口组成部分。
    (A) 幻灯片区　　　　　　　　　(B) 大纲区
    (C) 备注区　　　　　　　　　　(D) 播放区

参考答案：（D）

知识要点： 工作界面由快速访问工具栏、标题栏、选项卡、功能区、幻灯片/大纲浏览窗格、幻灯片窗格、备注窗格、状态栏、视图按钮、显示比例按钮等部分组成。

11．在 PowerPoint 2016 文件选项卡中"新建"命令的功能是建立____。
　　（A）一个新演示文稿　　　　　　　（B）一张新幻灯片
　　（C）一个新超链接　　　　　　　　（D）一个新备注

参考答案：（A）

知识要点： 在 PowerPoint 2016 已经启动的情况下，单击"文件"选项卡，在出现的菜单中选择"新建"命令，在右侧"可用的模板和主题"中选择"空白演示文稿"，单击右侧的"创建"按钮。也可以直接双击"可用的模板和主题"中的"空白演示文稿"。

12．在 PowerPoint 2016 中，格式刷位于____选项卡中。
　　（A）开始　　　　　　　　　　　　（B）设计
　　（C）切换　　　　　　　　　　　　（D）审阅

参考答案：（A）

知识要点： 在 PowerPoint 2016 中，可以通过格式刷来复制格式。单击"开始"选项卡中"剪贴板"的"格式刷"工具命令使用格式刷。

6.2　制作简单演示文稿

6.2.1　知识点分析

创建演示文稿主要有以下几种方式：创建空白演示文稿，根据主题、模板和现有演示文稿创建等。

6.2.2　习题及解析

1．在 PowerPoint 2016 中新建文件后，默认名称是____。
　　（A）DOC1　　　　　　　　　　　　（B）SHEET1
　　（C）演示文稿 1　　　　　　　　　　（D）BOOK1

参考答案：（C）

知识要点： 启动 PowerPoint 2016 后，系统在 PowerPoint 2016 窗口中自动生成一个名为"演示文稿 1"的空白演示文稿。

2．PowerPoint 2016 演示文稿文件的扩展名是____。
　　（A）pptx　　　　（B）xls　　　　（C）fpt　　　　（D）doc

参考答案：（A）

知识要点： pptx 是 PowerPoint 2016 演示文稿的扩展名。

3．PowerPoint 2016 中，在"文件"选项卡中可创建____。
　　（A）新文件，打开文件　　　　　　（B）图标
　　（C）页眉或页脚　　　　　　　　　（D）动画

参考答案：（A）

知识要点： 在"文件"选项卡中可以完成新建、打开、关闭、保存或另存为等设置。

4．要对幻灯片进行保存、打开、新建、打印等操作时，应在____选项卡中操作。

(A)文件 　　　　(B)开始 　　　　(C)设计 　　　　(D)审阅

参考答案：（A）

知识要点： 在"文件"选项卡中可以完成新建、打开、关闭、保存或另存为、打印等设置。

5. 要让 PowerPoint 2016 制作的演示文稿在 PowerPoint 2016 中放映，必须将演示文稿的保存类型设置为____。

　　(A) PowerPoint 演示文稿（*.pptx）
　　(B) PowerPoint 97-2016 演示文稿（*.ppt）
　　(C) XPS 文档（*.xps）
　　(D) Windows Media 视频（*.wmv）

参考答案：（A）

知识要点： pptx 是 PowerPoint 2016 演示文稿的扩展名，ppt 是 PowerPoint 2003 演示文稿的扩展名。

6. 启动宏的 PowerPoint 放映的演示文稿扩展名是____。

　　(A) pptx 　　　(B) ppsm 　　　(C) potx 　　　(D) ppsx

参考答案：（B）

知识要点： ppsm 是启动宏的 PowerPoint 放映的演示文稿文件的扩展名。

7. 在 PowerPoint 2016 中，添加新幻灯片的快捷键是____。

　　(A) Ctrl+M 　　(B) Ctrl+N 　　(C) Ctrl+O 　　(D) Ctrl+P

参考答案：（A）

知识要点： Ctrl+M 新建幻灯片，Ctrl+N 新建文件，Ctrl+O 打开文件，Ctrl+P 打印文件。

8. 按住____键可以选择多张不连续的幻灯片。

　　(A) Shift 　　(B) Ctrl 　　(C) Alt 　　(D) Ctrl+Shift

参考答案：（B）

知识要点： 按 Ctrl 键可以选择多张不连续的幻灯片。

9. 按住鼠标左键，并拖动幻灯片到其它位置是进行幻灯片的____操作。

　　(A) 移动 　　(B) 复制 　　(C) 删除 　　(D) 插入

参考答案：（A）

知识要点： 首先选择要移动的文本，然后按住鼠标左键把它拖到目标位置，就可以实现移动操作。

10. 单击"开始"选项卡的"幻灯片"组中的"新建幻灯片"按钮，插入的新幻灯片位于____。

　　(A) 当前幻灯片之前　　　　(B) 当前幻灯片之后
　　(C) 文档的最前面　　　　　(D) 文档的最后面

参考答案：（B）

知识要点： 若要插入新幻灯片，首先确定当前幻灯片，它代表插入位置，新幻灯片将插在当前幻灯片后面。

11. 幻灯片的版式是由____组成的。

　　(A) 文本框　　　　　　　　(B) 表格
　　(C) 图标　　　　　　　　　(D) 占位符

参考答案：（D）

知识要点： 新建一张幻灯片并选择一种版式后，该幻灯片上出现占位符。用户单击文本占位符并输入文本信息。

12. 如果打印幻灯片的第1、3、4、5、7张，则在"打印"对话框的"幻灯片"文本框中可以输入____。

（A）1-3-4-5-7　　　　　　　　　　（B）1，3-5，7

（C）1-3，4，5-7　　　　　　　　　（D）1-3，4-5，7

参考答案：（B）

知识要点： 若选择"自定义范围"，则在"幻灯片"栏文本框中输入要打印的幻灯片序号，非连续的幻灯片序号用逗号分开，连续的幻灯片序号用"-"分开。

13. 当保存演示文稿时，出现"另存为"对话框，则说明____。

（A）该文件保存时不能用该文件原来的文件名

（B）该文件不能保存

（C）该文件未保存过

（D）该文件已经保存过

参考答案：（C）

知识要点： 演示文稿制作完成后通常保存演示文稿的方法是单击快速访问工具栏的"保存"按钮（也可以单击"文件"选项卡，在下拉菜单中选择"保存"命令），若是第一次保存，将出现"另存为"对话框。否则不会出现该对话框，直接按原路径及文件名存盘。

14. 在 PowerPoint 2016 中设置了颜色、图案，为了打印清晰，应选择____选项。

（A）图案　　　　（B）颜色　　　　（C）清晰　　　　（D）黑白

参考答案：（B）

知识要点： "设置"栏的最后一项可以设置彩色打印、黑白打印和灰度打印。单击该项下拉按钮，在出现的列表中选择"颜色""纯黑白"或"灰度"。

15. PowerPoint 2016 模板文件格式是____。

（A）pptx　　　　（B）pps　　　　（C）potx　　　　（D）ptt

参考答案：（C）

知识要点： potx 是 PowerPoint 2016 模板文件扩展名。

16. PowerPoint 2016 中要打印内容幻灯片，____是不可以打印的。

（A）幻灯片　　　（B）讲义　　　（C）母版　　　（D）备注

参考答案：（C）

知识要点： PowerPoint 2016 中可以完成幻灯片、讲义、备注等打印操作。

17. ____不是 PowerPoint 2016 演示文稿的保存类型。

（A）PowerPoint 放映　　　　　　　（B）Rtf 文件

（C）PowerPoint 模板　　　　　　　（D）Word 文档

参考答案：（D）

知识要点： PowerPoint 2016 演示文稿的保存类型可以是 pptx，potx，Rtf 等格式。

18. 在 PowerPoint 2016 中输入文本时，要在段落中另起一行，需要按____键。

（A）Ctrl+Enter　　　　　　　　　（B）Shift+Enter

（C）Ctrl+Shift+Enter　　　　　　（D）Ctrl+Shift+Del

参考答案：（B）

知识要点： PowerPoint 2016 中快捷键的使用。

19．保存演示文稿的快捷键是____。

（A）Ctrl+O　　　　　　　　　（B）Ctrl+S

（C）Ctrl+A　　　　　　　　　（D）Ctrl+D

参考答案：（B）

知识要点： PowerPoint 2016 中快捷键的使用。

20．若用组合键来关闭 PowerPoint 2016 窗口，可以按____键。

（A）Alt+F4　　　　　　　　　（B）Ctrl+X

（C）Esc　　　　　　　　　　（D）Shift+F4

参考答案：（A）

知识要点： PowerPoint 2016 中快捷键的使用。

21．要设置"居中对齐"方式，应单击"开始"选项卡"段落"组中的____按钮。

（A）≡　　（B）≡　　（C）▤　　（D）▤

参考答案：（A）

知识要点： 文本有多种对齐方式，如左对齐、右对齐、居中两端对齐和分散对齐等。若要改变文本的对齐方式，可以先选择文本，然后单击"开始"选项卡"段落"组的相应命令，同样也可以单击"段落"组右下角的"段落"按钮，在出现的"段落"对话框中设置段落格式。

22．在"字体"对话框中不可以进行文本的____设置。

（A）上/下标　　　　　　　　（B）删除线

（C）下划线　　　　　　　　　（D）倾斜度

参考答案：（D）

知识要点： 在"字体"对话框中可以对文本进行上/下标、删除线、双删除线、下划线等设置，但不能对文本进行倾斜度设置。

23．____不是 PowerPoint 2016 提供的新建演示文稿的方法。

（A）根据现有演示文稿创建　　（B）根据模板创建

（C）根据主题创建　　　　　　（D）根据母版创建

参考答案：（D）

知识要点： 创建演示文稿主要有根据主题、模板和现有演示文稿创建等几种方式。

6.3 演示文稿的显示视图

6.3.1 知识点分析

PowerPoint 2016 中有六种视图：普通视图、幻灯片浏览视图、阅读视图、备注页视图、幻灯片放映视图和母版视图。

6.3.2 习题及解析

1．在 PowerPoint 2016 中，"视图"选项卡可以查看幻灯片____。

（A）备注母版，幻灯片浏览 （B）页号
（C）顺序 （D）编号

参考答案：（A）

知识要点：在"视图"选项卡中可以完成演示文稿视频、母版视图、显示、显示比例、颜色/灰度、窗口和宏的设置。

2．要进行幻灯片页面设置、主题选择，可以在____选项卡中操作。
（A）开始 （B）插入 （C）视图 （D）设计

参考答案：（D）

知识要点：在"设计"选项卡中可以完成页面设置、主题、背景等设置。

3．要对幻灯片母版进行设计和修改时，应在____选项卡中操作。
（A）设计 （B）审阅 （C）插入 （D）视图

参考答案：（D）

知识要点：在"视图"选项卡中可以完成演示文稿视频、母版视图、显示、显示比例、颜色/灰度、窗口和宏的设置。

4．PowerPoint 2016 中，在"审阅"选项卡中可以对内容进行____检查。
（A）文件 （B）动画 （C）拼写 （D）切换

参考答案：（C）

知识要点：在"审阅"选项卡中可以完成校对、语言、中文简繁转换、批注、比较等设置。

5．下列视图中不属于 PowerPoint 2016 视图的是____。
（A）幻灯片视图 （B）页面视图
（C）大纲视图 （D）备注页视图

参考答案：（B）

知识要点：视图是当前演示文稿的不同显示方式。有普通视图、幻灯片浏览视图、幻灯片放映视图、阅读视图、备注页视图和母版视图等六种视图。

6．____视图是进入 PowerPoint 2016 后的默认视图。
（A）幻灯片浏览 （B）大纲
（C）幻灯片 （D）普通

参考答案：（D）

知识要点：普通视图是创建演示文稿的默认视图。

7．若要在幻灯片浏览视图中选择多张幻灯片，应先按住____键。
（A）Alt （B）Ctrl （C）F4 （D）Shift+F5

参考答案：（B）

知识要点：按住 Ctrl 键可以选择多张幻灯片。

8．在 PowerPoint 2016 中，要同时选择第 1、2、5 三张幻灯片，最好应该在____视图下操作。
（A）普通 （B）大纲
（C）幻灯片浏览 （D）备注

参考答案：（C）

知识要点：在幻灯片浏览视图下，能显示更多幻灯片缩略图，选择多张幻灯片非常方便。

9．在 PowerPoint 2016 窗口的右下角状态栏中没有____视图按钮。
（A）普通 （B）幻灯片浏览
（C）幻灯片放映 （D）备注页
参考答案：（D）
知识要点：在 PowerPoint 2016 窗口的右下角状态栏中有普通视图、幻灯片浏览视图、阅读视图和幻灯片放映按钮。

10．在"视图"选项卡中，可以进行____操作。
（A）选择演示文稿视图的模式 （B）更改母版视图的设计和版式
（C）显示标尺、网格线和参考线 （D）以上全是
参考答案：（D）
知识要点：在"视图"选项卡中可以完成演示文稿视频、母版视图、显示、显示比例、颜色/灰度、窗口和宏的设置。

11．PowerPoint 2016 中，全选幻灯片的快捷方式是____。
（A）Ctrl+A （B）Shift+N （C）Ctrl+M （D）Ctrl+N
参考答案：（A）
知识要点：PowerPoint 2016 中快捷键的使用。

12．在 PowerPoint 2016 大纲窗格中创建的演示文稿，可以进行____的操作。
（A）更改大纲段落次序 （B）更改大纲层次结构
（C）折叠与展开大纲 （D）以上都是
参考答案：（D）
知识要点：在 PowerPoint 2016 大纲窗格中创建的演示文稿可以完成更改大纲的段落次序、更改大纲的层次结构、折叠与展开大纲等设置。

13．PowerPoint 2016 中，幻灯片浏览视图下不能____。
（A）复制幻灯片 （B）改变幻灯片位置
（C）修改幻灯片内容 （D）隐藏幻灯片
参考答案：（C）
知识要点：在幻灯片浏览视图中，一个屏可显示多张幻灯片缩略图，可以直观地观察演示文稿的整体外观，便于进行多张幻灯片顺序的编排、复制、移动、插入和删除等操作。

14．PowerPoint 2016 幻灯片浏览视图中，若要选择多个不连续的幻灯片，在单击选定幻灯片前应该按住____。
（A）Shift 键 （B）Alt 键 （C）Ctrl 键 （D）Enter 键
参考答案：（C）
知识要点：PowerPoint 2016 中快捷键的使用。

15．在 PowerPoint 2016 中，对幻灯片重新排序、添加和删除等操作，以及审视整体构思都用的视图是____。
（A）幻灯片视图 （B）幻灯片浏览视图
（C）大纲视图 （D）备注页视图
参考答案：（B）
知识要点：在幻灯片浏览视图中，一个屏可显示多张幻灯片缩略图，可以直观地观察演示文稿的整体外观，便于进行多张幻灯片顺序的编排、复制、移动、插入和删除等操作。还

可以设置幻灯片的切换效果并预览。

16．在 PowerPoint 2016 浏览视图下，按住 Ctrl 键并拖动某幻灯片，完成的操作是____。
（A）移动幻灯片　　　　　　　　　（B）删除幻灯片
（C）复制幻灯片　　　　　　　　　（D）隐藏幻灯片

参考答案：（C）
知识要点：PowerPoint 2016 中快捷键的使用。

17．幻灯片浏览视图中要选定连续的多张幻灯片，先选择第一张幻灯片，然后按____键，再选择最后一张幻灯片。
（A）Ctrl　　　　（B）Enter　　　　（C）Alt　　　　（D）Shift

参考答案：（D）
知识要点：PowerPoint 2016 中快捷键的使用。

18．"插入图片"在对话框中，以____视图显示时可以直接浏览到图片效果。
（A）大图标　　　　　　　　　　　（B）小图标
（C）浏览　　　　　　　　　　　　（D）阅读

参考答案：（D）
知识要点：在阅读视图下，只保留幻灯片窗格标题栏和状态栏，其它编辑功能被屏蔽，目的是幻灯片制作完成后的简单放映浏览。

6.4　修饰幻灯片的外观

6.4.1　知识点分析

采用应用主题样式和设置幻灯片背景等方法可以使所有幻灯片具有一致的外观。

6.4.2　习题及解析

1．在 PowerPoint 2016 中，"设计"选项卡可自定义演示文稿的____。
（A）新文件，打开文件　　　　　　（B）表、形状与图标
（C）背景、主题设计和颜色　　　　（D）动画设计与页面设计

参考答案：（C）
知识要点：在"设计"选项卡中可以完成页面设置、主题、背景等设置。

2．"背景"组在功能区的____选项卡中。
（A）开始　　　　（B）插入　　　　（C）设计　　　　（D）动画

参考答案：（C）
知识要点：PowerPoint 2016 为每个主题提供了 12 种背景样式，用户可以选择一种样式快速改变演示文稿中幻灯片的背景，既可以改变所有幻灯片的背景，也可以只改变所选择幻灯片的背景。

3．PowerPoint 2016 提供的幻灯片模板，主要是解决幻灯片的____。
（A）文字格式　　　　　　　　　　（B）文字颜色
（C）背景图案　　　　　　　　　　（D）以上全是

参考答案：（D）

知识要点：模板是预先设计好的演示文稿样本，包括多张幻灯片，表达特定提示内容，而所有幻灯片主题相同，以保证整个演示文稿外观一致。

4. PowerPoint 2016 提供了多种____，它包含了相应的配色方案、母版和字体样式等，可供用户快速生成风格统一的演示文稿。

（A）版式　　　　　（B）模板　　　　　（C）母版　　　　　（D）幻灯片

参考答案：（B）

知识要点：模板是预先设计好的演示文稿样本，PowerPoint 2016 系统提供了丰富多彩的模板。因为模板已经提供多项设置好的演示文稿外观效果，所以用户只需将内容进行修改和完善即可创建美观的演示文稿。

5. 在 PowerPoint 2016 中，利用母版可以实现的是____。

（A）统一改变字体设置　　　　　（B）统一添加相同的对象
（C）统一修改项目符号　　　　　（D）以上都是

参考答案：（D）

知识要点：PowerPoint 2016 中母版可以实现统一改变字体、统一添加相同的对象、统一修改项目符号等设置。

6. PowerPoint 2016 中可以使幻灯片具有一致的外观，一般采用____来实现。

（A）母版的使用　　　　　（B）主题的使用
（C）幻灯片背景的设置　　（D）以上方法都是

参考答案：（D）

知识要点：采用应用主题样式、设置幻灯片背景、设置母版等方法可以使所有幻灯片具有一致的外观。

7. 把幻灯片的主题设置为"行云流水"，正确的操作是____。

（A）幻灯片放映→自定义动画行云流水
（B）动画幻灯片设计→行云流水
（C）插入→图片→行云流水
（D）设计→主题→行云流水

参考答案：（D）

知识要点：在"设计"选项卡中"主题"组的"效果"下拉列表中选择"行云流水"。

8. 更改当前幻灯片主题的方法是____。

（A）选择"设计"选项卡中的某一种"主题"
（B）选择"视图"选项卡中的"幻灯片版式"命令
（C）选择"审阅"选项卡中的"幻灯片设计"命令
（D）选择"切换"选项卡中的"幻灯片版式"命令

参考答案：（A）

知识要点：主题是事先设计好的一组演示文稿的样式框架，主题规定了演示文稿的外观样式，包括母版配色、文字格式等设置。使用主题方式，不必费心设计演示文稿的母版和格式，直接在系统提供的各种主题中选择一个最适合自己的主题，创建一个该主题的演示文稿，且使整个演示文稿外观一致。

9. 在 PowerPoint 2016 中，设置幻灯片背景格式的填充选项中包含____。

（A）字体、字号、颜色、风格　　　　（B）设计模板、幻灯片版式

(C)纯色、渐变、图片和纹理、图案　　　(D)亮度、对比度和饱和度

参考答案：(C)

知识要点：设置背景格式有四种方式：改变背景颜色、图案填充、纹理填充和图片填充。

10. 设置背景时，若使所选择的背景仅适用于当前所选择的幻灯片应该按____。
    (A)"全部应用"按钮　　　　　　　　(B)"关闭"按钮
    (C)"取消"按钮　　　　　　　　　　(D)"重置背景"按钮

参考答案：(B)

知识要点：单击"关闭"按钮，则所选背景颜色作用于当前幻灯片；若单击"全部应用"按钮，则改变所有幻灯片的背景；若选择"重置背景"按钮，则撤销本次设置，恢复设置前状态。

6.5 插入图片、形状、艺术字、超链接和音频（视频）

6.5.1 知识点分析

PowerPoint 2016 演示文稿中不仅包含文本，还可以插入剪贴画、图片、形状、艺术字、超链接和音频等，通过多种手段增强演示文稿的展示效果。

6.5.2 习题及解析

1. 在 PowerPoint 2016 中，"动画"选项卡可以对幻灯片上的____进行设置。
   (A)对象应用，更改与删除动画　　　　(B)表，形状与图标
   (C)背景，主题设计和颜色　　　　　　(D)动画设计与页面设计

参考答案：(A)

知识要点：在"动画"选项卡中可以完成预览、动画、高级动画、计时等设置。

2. 要在幻灯片中插入表格、图片、艺术字等对象，应在____选项卡中操作。
   (A)文件　　　(B)开始　　　(C)插入　　　(D)设计

参考答案：(C)

知识要点：在"插入"选项卡中可以完成表格、图像、插图、链接、文本、符号和媒体等设置。

3. 在"图片工具→格式"下的____组中可以对图片添加边框。
   (A)图片样式　　　(B)调整　　　(C)大小　　　(D)排列

参考答案：(A)

知识要点：图片样式是各种图片外观格式的集合，使用图片样式可以使图片快速得到美化，可以为图片单独设置边框、效果、版式等。

4. 在应用了某个版式之后，幻灯片中的占位符____。
   (A)不能添加，也不能删除　　　　　　(B)不能添加，但可以删除
   (C)可以添加，也可以删除　　　　　　(D)可以添加，但不能删除

参考答案：(B)

知识要点：占位符是预先安排的对象插入区域，对象可以是文本、图片、表格等，单击不同占位符即可插入相应的对象。

5. PowerPoint 2016 中，在内容版式中不会出现____的占位符。
   （A）表格　　　　　　（B）图表　　　　　　（C）形状　　　　　　（D）SmartArt

参考答案：（C）

知识要点： 在"插入"选项"插图"组单击"形状"命令或者在"开始"选项卡"绘图"组单击"形状"列表右下角"其他"按钮，就会出现各类形状的列表，在目的地拖动鼠标，完成绘制形状，不会直接显示占位符。

6. PowerPoint 2016 中，____对象可以添加文字。
   （A）形状　　　　　　　　　　　　　　（B）剪贴画
   （C）外部图片　　　　　　　　　　　　（D）以上都是

参考答案：（A）

知识要点： 有时希望在绘出的封闭形状中增加文字，以表达更清晰的含义，实现图文并茂的效果。选中形状（单击它，使之周围出现控点）后直接输入所需的文本。也可以右击形状，在弹出的快捷菜单中单击"编辑文字"命令，形状中出现光标，输入文字。

7. PowerPoint 2016 的"超链接"命令的作用是____。
   （A）实现演示文稿幻灯片的移动　　　　（B）中断幻灯片放映
   （C）在演示文稿中插入幻灯片　　　　　（D）实现幻灯片内容的跳转

参考答案：（D）

知识要点： 超级链接简称"超链接"。应用超链接可以为两个位置不相邻的对象建立连接关系。超链接必须选定某一对象作为"链接点"，当该对象满足指定条件时触发超链接，从而引出作为"链接目标"的另一对象。触发条件一般为鼠标单击链接点或鼠标移过链接点。

8. 在 PowerPoint 2016 中，可以通过____来添加图片。
   （A）插入/图片/剪贴画　　　　　　　　（B）插入/图片/图片
   （C）插入/图片/屏幕截图　　　　　　　（D）以上均可以

参考答案：（D）

知识要点： 图形是特殊的视觉语言，能加深对事物的理解和记忆，在幻灯片中使用图片可以使演示效果变得更加生动。单击"插入"选项卡"图像"组的"图片"或"剪贴画"或"屏幕截图"命令都可以添加图片。

9. PowerPoint 2016 中，改变对象大小时，按下"Shift"时出现的结果是____。
   （A）以图形对象的中心为基点进行缩放
   （B）按图形对象的比例改变图形的大小
   （C）只有图形对象的高度发生变化
   （D）只有图形对象的宽度发生变化

参考答案：（B）

知识要点： 选择要改变的对象，按住 Shift 键单击四个角出现的某一个控点，可以等比例地改变大小。

10. 在 PowerPoint 2016 中，超级链接只有在____视图中才能被激活。
    （A）幻灯片视图　　　　　　　　　　　（B）大纲视图
    （C）幻灯片浏览视图　　　　　　　　　（D）幻灯片放映视图

参考答案：（D）

知识要点： 超级链接简称"超链接"。应用超链接可以为两个位置不相邻的对象建立连接关系。超链接必须选定某一对象作为"链接点",当该对象满足指定条件时触发超链接,从而引出作为"链接目标"的另一对象。超级链接只有在幻灯片放映视图中才能被激活。

11.下列为所有幻灯片添加编号方法正确的是____。
（A）单击"插入"选项卡"文本"组的"幻灯片编号"
（B）在母版视图中,执行插入菜单的幻灯片编号命令
（C）执行视图菜单的页眉和页脚命令
（D）执行"审阅"菜单的"页眉和页脚"命令

参考答案:（A）
知识要点:在 PowerPoint 2016 中,单击"插入"选项卡"文本"组的"幻灯片编号"可以为幻灯片添加编号。

12.演示文稿中,超级链接中所链接的目标可以是____。
（A）计算机硬盘中的可执行文件   （B）其它幻灯片文件
（C）同文件中的某张幻灯片   （D）以上都可以

参考答案:（D）
知识要点:PowerPoint 2016 可以选定幻灯片上的任意对象做链接点,链接目标可以是本文档中的某张幻灯片,也可以是其它文件,还可以是电子邮箱或者某个网页。

13.在 PowerPoint 2016 幻灯片中,不可以插入____文件。
（A）AVI   （B）WAV   （C）BMP   （D）EXE

参考答案:（D）
知识要点:EXE 为可执行文件,不可以插入幻灯片中。

14.在 PowerPoint 2016 幻灯片中,直接插入 flash 动画文件的方法是____。
（A）"插入"选项卡中的"对象"命令
（B）设置按钮的动作
（C）设置文字的链接
（D）"插入"选项卡中的"视频"命令,选择"文件中的视频"

参考答案:（D）
知识要点:单击"插入"选项卡中"媒体"组的"视频"下拉列表,选择"文件中的视频"就可插入 Flash 动画文件。

15.要使幻灯片"溶解"到下张幻灯片,应在____选项卡进行设置。
（A）动作设置   （B）切换
（C）幻灯片放映   （D）自定义动画

参考答案:（B）
知识要点:幻灯片的切换效果是指放映时幻灯片离开和进入播放画面所产生的视觉效果。幻灯片的切换效果不仅使幻灯片的过渡衔接更为自然,而且也能吸引观众的注意力。

16.在 PowerPoint 2016 中,若要插入组织结构图,正确的操作是____。
（A）插入自选图形
（B）插入来自文件中的图形
（C）在"插入"选项卡中"插图"组的 SmartArt 图形选择"层次结构"图形
（D）在"插入"选项卡中的图表选项中选择"层次图形"

参考答案:（C）

知识要点：在 PowerPoint 2016 中，若要插入组织结构图可以单击"插入"选项卡中"插图"组的 SmartArt 图形进行设置。

17．在 PowerPoint 2016 中，要隐藏某张幻灯片，正确的操作是____。
（A）选择"开始"选项卡中的"隐藏幻灯片"命令项
（B）选择"插入"选项卡中的"隐藏幻灯片"命令项
（C）左键单击该幻灯片，选择"隐藏幻灯片"
（D）右键单击该幻灯片，选择"隐藏幻灯片"

参考答案：（D）

知识要点：在 PowerPoint 2016 中，右击要隐藏的某一张幻灯片，选择"隐藏幻灯片"就可以隐藏该幻灯片。

18．在 PowerPoint 2016 中，在幻灯片中同时移动多个对象时____。
（A）只能以英寸为单位移动这些对象
（B）一次只能移动一个对象
（C）可以将这些对象编组，把它们视为一个整体
（D）修改演示文稿中各个幻灯片的布局

参考答案：（C）

知识要点：在 PowerPoint 2016 中，可以直接按住 Ctrl 键，同时选择多个对象右击，在弹出的快捷菜单中选择组合，可根据需要组成一个整体来同时移动。

19．设置 PowerPoint 2016 中文字的颜色及效果，可以使用____实现。
（A）格式
（B）设计
（C）视图
（D）"开始"选项卡中字体组的颜色按钮

参考答案：（D）

知识要点：关于字体颜色的设置，可以单击"字体颜色"工具的下拉按钮，在"颜色"下拉列表中选择所需颜色。

20．在 PowerPoint 2016 中，为选择的文字设置"陀螺旋"动画效果，正确的操作方法是____。
（A）选择"幻灯片放映"选项卡中的"动画方案"
（B）选择"幻灯片放映"选项卡中的"自定义动画"
（C）选择"动画"选项卡中的动画效果
（D）选择"格式"选项卡中的"样式和格式"

参考答案：（C）

知识要点：在制作演示文稿过程中，常对幻灯片中的各种对象适当地设置动画效果和声音效果，并根据需要设计各对象动画出现的顺序。这样，既能突出重点，吸引观众的注意力，又使放映过程十分有趣。"强调"动画主要对播放画面中的对象进行突出显示，起强调的作用。选择对象，单击"动画"选项卡"动画"组的下拉列表，选择"陀螺旋"动画效果。

21．对 PowerPoint 2016 幻灯片进行自定义动画设置时，可以改变____。
（A）幻灯片之间切换的速度　　　（B）幻灯片的背景
（C）幻灯片中某对象的动画效果　（D）幻灯片主题

参考答案：（C）

知识要点：同习题 20。

22. 当在幻灯片中插入了声音以后，幻灯片中将会出现____。
    （A）喇叭标记　　　　　　　　　　（B）一段文字说明
    （C）超链接说明　　　　　　　　　（D）超链接按钮

参考答案：（A）

知识要点：在编辑幻灯片时，可以插入音频文件作为背景音乐，或者作为幻灯片的旁白。在 PowerPoint 2016 中，支持 WAV、WMA、MP3、MID 等音频文件。其中，最常用的方式是文件中的音频。

6.6 插入表格

6.6.1 知识点分析

在幻灯片中除了文本、形状、图片外，还可以输入表格等对象使演示文稿的表达方式更加丰富多彩。表格的应用十分广泛，是显示和表达数据的较好方式。在演示文稿中使用表格表达有关数据，简单、直观、高效。

6.6.2 习题及解析

1. PowerPoint 2016 中，在"插入"选项卡可以创建____。
   （A）新文件，打开文件　　　　　　（B）表、形状与图标
   （C）文本左对齐　　　　　　　　　（D）动画

参考答案：（B）

知识要点：在"插入"选项卡中可以完成表格、图像、插图、链接、文本、符号和媒体等设置。

2. 按住____键可以绘制出正方形和圆形图形。
   （A）Alt　　　（B）Ctrl　　　（C）Shift　　　（D）Tab

参考答案：（C）

知识要点：若按 shift 键拖动鼠标可以画出标准正方形（标准正圆）。

3. 单击"表格工具"下"布局"选项卡"合并"组中的____按钮，可以将一个单元格变为两个。
   （A）绘制表格　　　　　　　　　　（B）框线
   （C）合并单元格　　　　　　　　　（D）拆分单元格

参考答案：（D）

知识要点：选择要拆分的单元格，单击"表格工具→布局"选项卡"合并"组的"拆分单元格"按钮，弹出"拆分单元格"对话框，在对话框中输入行数和列数，即可将单元格拆分为指定行列数的多个单元格。

4. 要在表格最后添加一行，可以单击表格的最后一个单元格，然后按____键。
   （A）Enter　　　　　　　　　　　　（B）Tab
   （C）Shift+Enter　　　　　　　　　（D）Shift+Tab

参考答案：（B）

知识要点：单击"插入"选项卡"表格"组"表格"按钮，在弹出的下拉列表中单击"插入表格"命令，出现"插入表格"对话框，输入要插入表格的行数和列数。添加新一行的时候，首先要选择最后一个单元格，然后按 Tab 键，就可以在最后添加一行表格。

6.7 幻灯片放映设计

6.7.1 知识点分析

幻灯片放映的显著优点是可以设计动画效果、加入视频和音乐、设计美妙动人的切换方式和选择各种场合的放映方式等。

6.7.2 习题及解析

1. 扩展名为____的文件，在没有安装 PowerPoint 2016 的系统中可直接放映。
   （A）pop　　　　　（B）ppz　　　　　（C）pps　　　　　（D）ppt

   参考答案：（C）

   知识要点：pps 是放映格式文件。

2. 从当前幻灯片开始放映幻灯片的快捷键是____。
   （A）Shift+F5　　（B）Shift+F4　　（C）Shift+F3　　（D）Shift+F2

   参考答案：（A）

   知识要点：从当前幻灯片开始放映幻灯片的方式很多，如 Shift+F5 组合键或单击幻灯片放映按钮等。

3. 从第一张幻灯片开始放映幻灯片的快捷键是____。
   （A）F2　　　　　（B）F3　　　　　（C）F4　　　　　（D）F5

   参考答案：（D）

   知识要点：单击"幻灯片放映"选项卡→"开始放映幻灯片"组→"从头开始"或 F5 快捷键，可以进入幻灯片播放状态。

4. 要设置幻灯片中对象的动画效果，应在____选项卡中操作。
   （A）切换　　　　（B）动画　　　　（C）设计　　　　（D）审阅

   参考答案：（B）

   知识要点：在"动画"选项卡中可以完成预览、动画、高级动画、计时等设置。

5. 要设置幻灯片的切换效果以及切换方式时，应在____选项卡中操作。
   （A）开始　　　　（B）设计　　　　（C）切换　　　　（D）动画

   参考答案：（C）

   知识要点：在"切换"选项卡中可以完成预览、切换多种效果、计时等设置。

6. 关于幻灯片动画效果的说法不正确的是____。
   （A）要对幻灯片中的对象进行详细的动画效果设置，就应该使用自定义动画
   （B）对幻灯片中的对象可以设置打字机效果
   （C）幻灯片文本不能设置动画效果
   （D）动画顺序决定了对象在幻灯片中出场的先后次序

参考答案：（C）

知识要点： 在制作演示文稿过程中，常对幻灯片中的各种对象适当地设置动画效果和声音效果，并根据需要设计各对象动画出现的顺序。这样，既能突出重点，吸引观众的注意力，又使放映过程十分有趣。

7. 在幻灯片放映过程中，能正确切换到下一张幻灯片的操作是____。
   （A）单击鼠标左键　　　　　　　　（B）按 F5 键
   （C）按 PageUp 键　　　　　　　　（D）以上都不正确

参考答案：（A）

知识要点： 在"幻灯片放映"视图下，单击鼠标左键，可以从当前幻灯片切换到下一张幻灯片，直到放映完毕。在放映过程中，右击鼠标会弹出放映控制菜单，利用它可以改变放映顺序等。

8. ____是幻灯片缩小之后的打印件，可供观众观看演示文稿放映时参考。
   （A）幻灯片　　　　　　　　　　　（B）讲义
   （C）演示文稿大纲　　　　　　　　（D）演讲者备注

参考答案：（B）

知识要点： 在"设置"栏的下一项，设置打印讲义的方式（1 张幻灯片、2 张幻灯片、3 张幻灯片、4 张幻灯片等）。

9. 在进行幻灯片动画设置时，____是可以设置的动画类型。
   （A）进入　　　　　　　　　　　　（B）强调
   （C）退出　　　　　　　　　　　　（D）以上全部

参考答案：（D）

知识要点： 在动画组中，可以设置进入、强调、退出、动作路径等操作。

10. 在"切换"选项卡中，不可以进行____的操作。
    （A）设置幻灯片切换效果　　　　　（B）设置幻灯片换片方式
    （C）设置幻灯片切换效果持续时间　（D）设置幻灯片版式

参考答案：（D）

知识要点： 在"切换"选项卡中可以完成切换到此幻灯片、计时等设置。

11. ____不是"设计"选项卡工具命令。
    （A）页面设置、幻灯片方向
    （B）主题样式、主题颜色、主题字体、主题效果
    （C）动画
    （D）背景样式

参考答案：（C）

知识要点： 在"设计"选项卡中可以完成页面设置、主题、背景等设置。

12. 幻灯片放映过程中，擦除屏幕上的注释的快捷键是____。
    （A）E　　　　（B）S　　　　（C）B　　　　（D）W

参考答案：（A）

知识要点： PowerPoint 2016 中快捷键的使用。

13. 幻灯片放映过程中，将指针变成橡皮擦的快捷键是____。
    （A）Ctrl+E　　（B）Ctrl+M　　（C）Ctrl+P　　（D）Ctrl+A

参考答案：（A）

知识要点：PowerPoint 2016 中快捷键的使用。

14．幻灯片放映过程中，将指针变成绘画笔的快捷键是____。

（A）Ctrl+E　　　（B）Ctrl+M　　　（C）Ctrl+P　　　（D）Ctrl+A

参考答案：（C）

知识要点：PowerPoint 2016 中快捷键的使用。

15．幻灯片放映过程中，显示空白幻灯片的快捷键是____。

（A）E　　　　　（B）S　　　　　（C）B　　　　　（D）W

参考答案：（D）

知识要点：PowerPoint 2016 中快捷键的使用。

16．在 PowerPoint 2016 中，停止幻灯片播放的快捷键是____。

（A）Enter　　　（B）Shift　　　（C）Esc　　　　（D）Ctrl

参考答案：（C）

知识要点：PowerPoint 2016 中快捷键的使用。

17．将演示文稿放在另外一台没有安装 PowerPoint 2016 软件的电脑上播放，需要进行____。

（A）复制粘贴操作　　　　　　　　（B）重新安装软件和文件
（C）打包操作　　　　　　　　　　（D）新建幻灯片文件

参考答案：（C）

知识要点：完成的演示文稿有可能会在其它计算机上演示，如果该计算机上没有安装 PowerPoint 2016，就无法放映演示文稿。为此，可以利用演示文稿打包功能，将演示文稿打包到文件夹或 CD，甚至可以把 PowerPoint 2016 播放器和演示文稿一起打包。这样，即使计算机上没有安装 PowerPoint 2016，也能正常放映演示文稿。另一种方法是将演示文稿转换成放映格式，也可以在没有安装 PowerPoint 2016 的计算机上正常放映。

18．将 PowerPoint 2016 幻灯片设置为"循环放映"的方法是____。

（A）选择"工具"选项卡中的"设置放映方式"命令
（B）选择"幻灯片放映"选项卡中的"录制幻灯片演示"命令
（C）选择"幻灯片放映"选项卡中的"设置幻灯片放映"命令
（D）选择"切换"选项卡中的"幻灯片换片方式"命令

参考答案：（C）

知识要点：演示文稿循环放映，观众只能观看不能控制。

19．要从第 2 张幻灯片跳转到第 8 张幻灯片，应使用"幻灯片放映"选项卡中____。

（A）排练计时　　　　　　　　　　（B）广播幻灯片
（C）录制幻灯片演示　　　　　　　（D）自定义幻灯片放映

参考答案：（D）

知识要点：在"放映幻灯片"栏中，可以确定幻灯片的放映范围（全体或部分幻灯片）。放映部分幻灯片时，可以指定放映幻灯片的开始序号和终止序号。

20．广播幻灯片的快捷键是____。

（A）Ctrl+F5　　（B）Ctrl+F1　　（C）Shift+F5　　（D）Shift+F1

参考答案：（A）

知识要点：PowerPoint 2016 中快捷键的使用。

21．幻灯片放映时使光标变成"激光笔"效果的操作是____。
　　（A）按 Ctrl+F5 键
　　（B）按 Shift+F5 键
　　（C）按住 Ctrl 键的同时，按住鼠标的左键
　　（D）执行"幻灯片放映"下"自定义放映"命令

参考答案：（C）

知识要点：同习题 20。

22．放映幻灯片时，要对幻灯片的放映具有完整的控制权，应使用____。
　　（A）演讲者放映　　　　　　　（B）观众自行浏览
　　（C）展台浏览　　　　　　　　（D）重置背景

参考答案：（A）

知识要点：演讲者放映是全屏幕放映，这种放映方式适合会议或教学的场合，放映进程完全由演讲者控制。

第 2 篇

拓展模块

第1章 程序设计基础

1.1 程序设计基本概念

1.1.1 知识点分析

程序,就是一组计算机能识别和执行的指令。每一条指令使计算机执行特定的操作。只要让计算机执行这个程序,计算机就会"自动地"执行各条指令,有条不紊地进行工作。程序设计是给出解决特定问题程序的过程,是软件构造活动中的重要组成部分。

1.1.2 习题及解析

1. 计算机的指令集合称为____。
   - (A) 机器语言
   - (B) 高级语言
   - (C) 程序
   - (D) 软件

   参考答案: (C)

   知识要点: 计算机的指令集合称为程序,能实现指定目的。

2. 下面四句话中,最准确的表述是____。
   - (A) 程序=算法+数据结构
   - (B) 程序是使用编程语言实现算法
   - (C) 程序的开发方法决定算法设计
   - (D) 算法是程序设计中最关键的因素

   参考答案: (A)

   知识要点: N·沃思提出,程序=算法+数据结构。

3. 以下选项中,对程序的描述错误的是____。
   - (A) 程序是由一系列函数组成的
   - (B) 通过封装可以实现代码复用
   - (C) 程序是由一系列代码组成的
   - (D) 可以利用函数对程序进行模块化设计

   参考答案: (A)

知识要点：将可能重复执行的代码封装成函数，并在需要执行的地方调用函数，不仅可以实现代码的复用，还可以保持代码的一致性，便于日后的维护。

1.2 程序设计发展历程

1.2.1 知识点分析

计算机语言发展经历了机器语言、符号语言、高级语言几个阶段。机器语言是指能被计算机直接识别和接受，只包含"0"和"1"的二进制代码的集合。符号语言是人们为了克服机器语言的缺点，利用一些符号表示指令，用"汇编程序"将符号语言的指令转换为机器指令。为了克服低级语言缺点，20世纪50年代高级语言开始出现，它接近于用人们习惯使用的自然语言和数学语言。

1.2.2 习题及解析

1. 不需要了解计算机内部构造的语言是____。
   （A）机器语言　　　　　　　　　　（B）汇编语言
   （C）操作系统　　　　　　　　　　（D）高级程序设计语言

   参考答案：（D）
   知识要点：高级程序设计语言，用易写和易懂的形式语言来编写程序的程序设计语言，可摆脱计算机指令系统和机器语言随机器不同的约束，利用编译程序把适用于各种高级语言编写的源程序转换为中央处理器能识别的目标代码。

2. 计算机能直接运行的程序是____。
   （A）高级语言程序　　　　　　　　（B）自然语言程序
   （C）机器语言程序　　　　　　　　（D）汇编语言程序

   参考答案：（C）
   知识要点：机器语言是机器能直接识别的程序语言或指令代码，无须经过翻译，每一操作码在计算机内部都有相应的电路来完成。

3. 用高级语言编写的程序称为____。
   （A）源程序　　　　　　　　　　　（B）编译程序
   （C）可执行程序　　　　　　　　　（D）编辑程序

   参考答案：（A）
   知识要点：源程序是指未编译的按照一定的程序设计语言规范书写的文本文件。

1.3 程序设计基本流程

1.3.1 知识点分析

程序设计流程主要有分析需求、设计算符、编写程序、运行分析、编写文档环节。程序设计之初，由开发人员经过细致调研和分析，确定程序开发的主要内容。然后，设计出解题的方法和具体步骤。再将算法翻译成计算机程序设计语言，对源程序进行编辑、编译和连接。

之后运行程序，分析结果，发现和排除程序中的故障，编写程序文档。

1.3.2 习题及解析

1. 下列叙述中错误的是____。
   （A）程序测试的目的是证明程序无错
   （B）对程序进行测试与调试后还不能保证程序无错
   （C）对程序进行测试是为了发现程序中的错
   （D）调试程序的目的是排除程序中的错误

   参考答案：（A）

   知识要点：测试是为了发现程序中的错误而执行程序的过程，好的测试方案是极可能发现迄今为止尚未发现的错误的测试方案，成功的测试是发现了至今为止尚未发现的错误的测试。

2. 需求分析的目的是保证需求的____。
   （A）目的性和一致性　　　　　　　（B）完整性和一致性
   （C）正确性和目的性　　　　　　　（D）完整性和目的性

   参考答案：（B）

   知识要点：需求分析是把用户对待开发软件提出的"要求"或"需要"进行分析与整理，确认后形成描述完整、清晰与规范的文档，确定软件需要实现哪些功能，完成哪些工作。

3. 能将高级语言编写的源程序转换成目标程序的是____。
   （A）编辑程序　　　　　　　　　　（B）编译程序
   （C）驱动程序　　　　　　　　　　（D）链接程序

   参考答案：（B）

   知识要点：编译程序也称为编译器，是指把用高级程序设计语言书写的源程序，翻译成等价的机器语言格式目标程序的翻译程序。

1.4 认识 Python 语言

1.4.1 知识点分析

Python 语言由荷兰人 Guido van Rossum 在 20 世纪 90 年代初发明。现在，Python 最新版本为 Python 3.9.6。在桌面应用开发、Web 应用开发、自动化运维、科学计算、数据可视化、网络爬虫、人工智能、大数据、游戏开发等方面均有广泛应用。其主要优点有面向对象、解释性、开源、可移植、动态类型、库资源丰富等。

1.4.2 习题及解析

1. 下面叙述正确的是____。
   （A）因机器语言执行速度快，现在人们还是喜欢用机器语言编写程序
   （B）使用了面向对象的程序设计方法就可以扔掉结构化程序设计方法
   （C）GOTO 语句控制程序的转向方便，所以现在人们在编程时还是喜欢使用 GOTO 语句

（D）使用了面向对象的程序设计方法，在具体编写代码时仍需要使用结构化编程技术

参考答案：（D）

知识要点：结构化程序设计采用自顶向下、逐步求精的设计方法，各个模块通过"顺序、选择、循环"的控制结构进行连接，并且只有一个入口、一个出口。使用了面向对象的程序设计方法，在具体编写代码时仍需要使用结构化编程技术。

2. ____不是 Python 语言的特点。

　　（A）非开源　　　　　　　　　　（B）可移植
　　（C）可扩展性　　　　　　　　　（D）解释性

参考答案：（A）

知识要点：Python 具有简单、易学、速度快、免费、开源、可移植性、可扩展性、丰富的库等优点。python 语言极其容易上手，它是一种代表简单主义思想的语言。

1.5　Python 的安装与配置

1.5.1　知识点分析

在 Python 官方网站（https://www.python.org/）可下载 Python 的最新版本。安装完成后，可以使用集成开发环境工具 PyCharm 快速着手为新应用编写代码，无须在设置时手动配置和集成多个实用工具。

1.5.2　习题及解析

1. 使用 pip 工具查看当前已安装的 Python 扩展库的完整命令是____。

　　（A）pip　　　（B）pip list　　　（C）pop　　　（D）pop list

参考答案：（B）

知识要点：Python 中，pip list 命令列出所有安装包和版本信息。

2. 可以使用 py2exe 或 pyinstaller 等扩展库把 Python 源程序打包成为 exe 文件，从而脱离 Python 环境在 Windows 平台上运行。以上说法是____的。

　　（A）正确　　　　　　　　　　　（B）错误

参考答案：（A）

知识要点：py2exe 是一个将 python 脚本转换成 windows 上的可独立执行的可执行程序（*.exe）的工具。这样，可以不用安装 python 而在 windows 系统上运行这个可执行程序。py2exe 已经被用于创建 wxPython、Tkinter、Pmw、PyGTK、pygame、win32com client、server 和其它的独立程序。

3. Python 程序只能在安装了 Python 环境的计算机上以源代码形式运行。以上说法是____的。

　　（A）正确　　　　　　　　　　　（B）错误

参考答案：（B）

知识要点：可以借助打包工具，将 python 程序打包，在指定环境上运行。

4. 不同版本的 Python 不能安装到同一台计算机上。以上说法是____的。

　　（A）正确　　　　　　　　　　　（B）错误

参考答案：（B）

知识要点： 同一台计算机上可以安装不同版本的 Python。

1.6　Python 基础知识

1.6.1　知识点分析

Python 的基础应用和语法基础知识包含如何创建和运行 Python 项目与文件，Python 提供的关键字和标识符，算数运算符、位运算符、关系运算符、逻辑运算符、赋值运算符，三大流程控制语句，常用 Python 标准模块，简单的文件操作和异常处理。

1.6.2　习题及解析

1．在 Python 中＿＿＿表示空类型。
　　（A）null　　　　　　（B）None　　　　　　（C）False　　　　　　（D）0

参考答案：（B）

知识要点： Python 中的 None 是一个特殊的常量，它既不是 0，也不是 False，也不是空字符串，它只是一个空值的对象，也就是一个空的对象，只是没有赋值而已。

2．Python 标准库 math 中用来计算平方根的函数是＿＿＿。
　　（A）sqrt　　　　　　（B）math　　　　　　（C）map　　　　　　（D）add

参考答案：（A）

知识要点： sqrt()方法返回数字 x 的平方根。需注意 sqrt()是不能直接访问的，需要导入 math 模块，通过静态对象调用该方法。

3．以 2 为实部 3 为虚部，Python 复数的表达形式为＿＿＿或＿＿＿。
　　（A）3+2j、3+2J　　　　　　　　　　　（B）3+2J、3+2j
　　（C）3+2I　　　　　　　　　　　　　　（D）2+3j、2+3J

参考答案：（D）

知识要点： Python 语言本身支持复数，而不依赖于标准库或者第三方库。复数的虚部以 j 或者 J 作为后缀，具体格式为：a + bj。a 表示实部，b 表示虚部。

4．语句 x,y,z =[4,2,8]执行后，变量 y 的值为＿＿＿。
　　（A）3　　　　　　（B）4　　　　　　（C）2　　　　　　（D）8

参考答案：（C）

知识要点： 列表（list）是 Python 的一种数据结构，可以存放不同的数据类型，用方括号标注进行定义。

5．已知 x ={1:1}，那么执行语句 x[2]= 3 之后，len(x)的值为＿＿＿。
　　（A）3　　　　　　（B）4　　　　　　（C）2　　　　　　（D）1

参考答案：（C）

知识要点： 字典也是 Python 提供的一种常用的数据结构，它用于存放具有映射关系的数据。在使用花括号语法创建字典时，花括号中应包含多个 key-value 对，key 与 value 之间用英文冒号隔开，多个 key-value 对之间用英文逗号隔开。

6．已知列表 x =[1,3]，执行语句 y = x 后，表达式 x is y 的值为＿＿＿。

　　　　（A）None　　　　　（B）True　　　　　（C）False　　　　　（D）0

参考答案：（B）

知识要点： is 比较的是两个实例对象是不是完全相同，它们是不是同一个对象，占用的内存地址是否相同。即 is 比较两个条件：一是内容相同；二是内存中地址相同。

7．表达式 int('11',16)的值为____。
　　　　（A）11　　　　　　（B）16　　　　　　（C）17　　　　　　（D）3

参考答案：（C）

知识要点： Python 中 int(x,base)函数将一个字符串或数字转换为整型。当 base 存在时，则将在 base 进制下的 x 转换为十进制的值，base 省略时默认为十进制。那么本题是将$(11)_{16}$转换为十进制，结果为 17。

8．已知 x =[3,3,2,5]，那么执行语句 x =()之后，x 的值为____。
　　　　（A）None　　　　　（B）True　　　　　（C）False　　　　　（D）0

参考答案：（A）

知识要点： Python 中的小括号（）代表 tuple 元组数据类型，元组是一种不可变序列。Python 中的中括号［］代表 list 列表数据类型，列表是一种可变序列。

9．表达式 8 or 4 的值为____。
　　　　（A）None　　　　　（B）8　　　　　　（C）4　　　　　　（D）1

参考答案：（B）

知识要点： or 表达式两边为一真一假，返回真的那一边的值；两边都为假，返回右边；两边都为真，返回左边。

10．在循环语句中，____语句的作用是提前结束本层循环。
　　　　（A）break　　　　（B）continue　　　（C）while　　　　　（D）exit

参考答案：（A）

知识要点： break 语句用来终止循环语句，即循环条件没有 False 条件或者序列还没被完全递归完，也会停止执行循环语句。break 语句用在 while 和 for 循环中。

11．在循环语句中，____语句的作用是提前进入下一次循环。
　　　　（A）break　　　　（B）continue　　　（C）while　　　　　（D）exit

参考答案：（B）

知识要点： continue 语句表示跳出本次循环，用来告诉 Python 跳过当前循环的剩余语句，然后继续进行下一轮循环。

12．表达式 3 in{5,1,3}的值为____。
　　　　（A）None　　　　　（B）True　　　　　（C）False　　　　　（D）0

参考答案：（B）

知识要点： in()函数表示如果在指定的序列中找到值返回 True，否则返回 False。

13．表达式'ae' in 'acee'的值为____。
　　　　（A）None　　　　　（B）True　　　　　（C）False　　　　　（D）yes

参考答案：（C）

知识要点： in()函数表示如果在指定的序列中找到值返回 True，否则返回 False。

14．在 Python 3.x 中可以使用中文作为变量名。以上说法是____的。
　　　　（A）正确　　　　　　　　　　　　　　　（B）错误

参考答案：（A）

知识要点： 2008 年 12 月发布的 Python3 开始支持非 ASCⅡ 码命名标识符。

15. 表达式'bc' in['abcdefg']的值为____。

（A）None　　　（B）True　　　（C）False　　　（D）yes

参考答案：（C）

知识要点： 用方括号定义的是列表数据结构，列表中的不同元素用逗号隔开，这里定义的列表只有一个元素，即'abcdefg'，故此题结果为 False。

16. 表达式 round(2.4)的值为____。

（A）2　　　（B）3　　　（C）2.0　　　（D）3.0

参考答案：（A）

知识要点： round(x)函数返回浮点数 x 的四舍五入值。

17. Python 中定义函数的关键字是____。

（A）void　　　（B）def　　　（C）func　　　（D）function

参考答案：（B）

知识要点： 函数代码块以 def 关键词开头，后接函数标识符名称和圆括号（）。

18. 如果函数中没有 return 语句或者 return 语句不带任何返回值，那么该函数的返回值为____。

（A）None　　　（B）True　　　（C）False　　　（D）yes

参考答案：（A）

知识要点： return[返回值]。其中，返回值参数可以指定，也可以省略不写，此时将返回空值 None。

19. Python 标准库 os 中的方法 isfile()可以用来测试给定的路径是否为文件。以上说法是____的。

（A）正确　　　　　　　　　　（B）错误

参考答案：（A）

知识要点： isfile()判断某一对象是否为文件，需注意的是提供的路径为绝对路径。

20. 以追加模式打开文件时，文件指针指向文件尾。以上说法是____的。

（A）正确　　　　　　　　　　（B）错误

参考答案：（A）

知识要点： 追加模式，文件指针默认在末尾。

21. 异常处理结构中的 finally 块中代码仍然有可能出错从而再次引发异常。以上说法是____的。

（A）正确　　　　　　　　　　（B）错误

参考答案：（A）

知识要点： finally 语句中仍有可能出现异常。

22. Python 变量名区分大小写，所以 Teach 和 teach 不是同一个变量。以上说法是____的。

（A）正确　　　　　　　　　　（B）错误

参考答案：（A）

知识要点： Python 变量名区分大小写。

23. 定义 Python 函数时必须指定函数返回值类型。以上说法是____的。

（A）正确 （B）错误

参考答案：（B）

知识要点： Python 函数定义时不需要声明返回值类型。

24．已知 A 和 B 是两个集合，并且表达式 A<B 的值为 False，那么表达式 A>B 的值一定为 True。以上说法是____的。

（A）正确 （B）错误

参考答案：（B）

知识要点： 还有一种情况是 A==B。

25．Python 代码的注释只有一种方式，那就是使用#符号。以上说法是____的。

（A）正确 （B）错误

参考答案：（B）

知识要点： Python 语言注释方式有单行和多行注释。

26．关于 Python 语言的注释，以下选项中描述错误的是____。

（A）Python 语言有两种注释方式：单行注释和多行注释
（B）Python 语言的多行注释以'''（三个单引号）开头和结尾
（C）Python 语言的单行注释以单引号'开头
（D）Python 语言的单行注释以#开头

参考答案：（C）

知识要点： Python 中使用#表示单行注释。单行注释可以作为单独的一行放在被注释代码行之上，也可以放在语句或表达式之后。使用三个单引号或三个双引号表示多行注释。

27．下列选项中可以获取 Python 整数类型帮助的是____。

（A）dir(int) （B）help(int) （C）dir(str) （D）help(float)

参考答案：（B）

知识要点： 在使用 python 来编写代码时，会经常使用 python 自带函数或模块，一些不常用的函数或是模块的用途不是很清楚，这时候就需要用到 help 函数来查看帮助。

28．以下选项中，符合 Python 语言变量命名规则的是____。

（A）Tem （B）(VR) （C）2_1 （D）!666

参考答案：（A）

知识要点： 变量名可以包括字母、数字、下划线，但是数字不能作为开头。

29．给出代码 s='Python world!'，可以输出"python"的是____。

（A）print(s[0:6].lower()) （B）print(s[:–6])
（C）print(s[0:6]) （D）print(s[–13:–10].lower())

参考答案：（A）

知识要点： print(s[0:6].lower())表示将 s 字符串中第 1 到第 7 位转换为小写输出。

30．利用 print()格式化输出，能够控制浮点数的小数点后两位输出的是____。

（A）{.2} （B）{:.2} （C）{:.2f} （D）{.2f}

参考答案：（C）

知识要点： { } 表示槽，后续变量填充到槽中。{:.2f} 表示将 x 填充到槽中时，取小数点后 2 位，具体写法为：print('{:.2f}'.format(x))。

31．在一行上写多条 Python 语句使用的符号是____。

（A）逗号　　　　（B）点号　　　　（C）冒号　　　　（D）分号

参考答案：（D）

知识要点： 在 C、Java 等语言的语法中规定，必须以分号作为语句结束的标识。Python 也支持分号，同样用于一条语句的结束标识。但在 Python 中分号的作用已经不像 C、Java 中那么重要了，Python 中的分号可以省略，主要通过换行来识别语句的结束。如果要在一行中书写多条句，就必须使用分号分隔每个语句，否则 Python 无法识别语句之间的间隔。

32．下面代码的输出结果是____。

```
print(2+0.2==2.2)
```

（A）False　　　　（B）true　　　　（C）True　　　　（D）false

参考答案：（C）

知识要点： +号的优先级高于==号，故先进行 2+0.2 的运算，然后再比较两者的值。

33．下面代码的输出结果是____。

```
a = 1
b = 1
c = 1.0
print(a == b,a is b,a is c)
```

（A）True True False　　　　　　（B）False False True

（C）True False False　　　　　　（D）True False True

参考答案：（A）

知识要点： ==表示判断值是否相等，相等返回值为 True。is 除了值相等外，还要地址相同，才能返回 True。

34．下面代码的输出结果是____。

```
x=0b101
print(x)
```

（A）4　　　　（B）101　　　　（C）2　　　　（D）5

参考答案：（D）

知识要点： 0b 表示是二进制，（101）2 转换成十进制的值是 5。

35．下面代码的输出结果是____。

```
z = 3.56 + 25j
print(z.imag)
```

（A）3.56　　　　（B）25　　　　（C）25.0　　　　（D）56

参考答案：（C）

知识要点： imag 指的是复数的虚数部分。

36．下面代码的输出结果是____。

```
a = 2
b = 3
c = 4
print(pow(b,2)-4*a*c)
```

（A）36　　　　（B）23　　　　（C）-23　　　　（D）系统报错

参考答案：（C）

知识要点： pow()方法返回 x^y（x 的 y 次方）的值。

第 2 章 大数据

2.1 大数据概述

2.1.1 知识点分析

大数据不仅局限在字面含义，它实际包含对多维度数据信息的搜集、汇总，人们通过对搜集到的数据进行有效存储、整理、分析与管理、挖掘及整合、累加等，让看似没有任何关联关系的大量单个数据变得有价值，使其逐渐应用到各领域，发挥巨大作用。

2.1.2 习题及解析

1．大数据这一概念最早公开出现于____年。
  （A）1999 年　　　（B）1998 年　　　（C）1997 年　　　（D）2000 年
参考答案：（B）
知识要点："大数据"这一概念最早公开出现于 1998 年，是美国高性能计算公司 SGI 的首席科学家约翰·马西（John Mashey）在一个国际会议报告中指出的。

2．有人戏称____为"未来的新石油"。
  （A）石油　　　（B）天然气　　　（C）信息　　　（D）数据
参考答案：（D）
知识要点：数据被戏称为"未来的石油"。

3．大数据的核心特征有____。
  （A）数量大、价值量大　　　　　　（B）种类多、价值量大
  （C）速度快、真实性　　　　　　　（D）以上全包括
参考答案：（D）
知识要点：大数据的 5V 特性包括数量大、价值量大、种类多、速度快以及真实性。

4．大多数的大数据都是____。
  （A）结构化或半结构化　　　　　　（B）半结构化或非结构化的
  （C）结构化或非结构化　　　　　　（D）以上都不正确
参考答案：（B）

知识要点：大多数的大数据都是半结构化或非结构化的。

5. 大数据接入技术分为____。
   （A）实时数据接入、消息记录数据接入
   （B）文件数据接入、文字数据接入
   （C）图片数据接入、视频数据接入
   （D）以上均正确

   参考答案：（D）

   知识要点：大数据接入技术包括实时数据接入、消息记录数据接入、文件数据接入、文字数据接入、图片数据接入和视频数据接入等。

6. 大数据存储有____。
   （A）行存储、图存储   （B）列存储、文档存储
   （C）键值存储   （D）以上都包括

   参考答案：（D）

   知识要点：大数据存储包括行存储、列存储、图存储、文档存储和键值存储。

7. Hadoop 之父是____。
   （A）Mike Cafarella   （B）Bob
   （C）Doug Cutting   （D）Facebook

   参考答案：（C）

   知识要点：大数据之父是 Doug Cutting。

8. 大数据处理流程包含____。
   （A）数据收集、数据预处理   （B）数据存储、数据处理与分析
   （C）数据展示/数据可视化、数据应用 （D）以上都包括

   参考答案：（D）

   知识要点：大数据处理流程包含数据收集、数据预处理、数据存储、数据处理与分析、数据展示/数据可视化、数据应用等。

9. 常见的数据挖掘算法有____。
   （A）朴素贝叶斯、决策树
   （B）K 近邻、支持向量机
   （C）最大期望（EM）、分类与回归树（CART）算法
   （D）以上均正确

   参考答案：（D）

   知识要点：常见的数据挖掘算法有朴素贝叶斯、决策树、K 近邻、支持向量机、最大期望（EM）、分类与回归树（CART）算法。

10. ____是一个高可靠性、高性能、面向列、可伸缩的分布式存储系统、开源数据库，是 Hadoop 的标准数据库，也是一款比较流行的 NoSQL 数据库。
    （A）HBase   （B）Hive   （C）FLUME   （D）Sqoop

    参考答案：（A）

    知识要点：HBase 是一个高可靠性、高性能、面向列、可伸缩的分布式存储系统、开源数据库，是 Hadoop 的标准数据库，也是一款比较流行的 NoSQL 数据库。

11. ____是分布式系统中的协调系统，提供了诸如统一命名空间服务、配置服务和分布

式锁等基础服务。

  （A）HBase   （B）Zookeeper   （C）Hive   （D）Sqoop

参考答案：（B）

知识要点： Zookeeper 是分布式系统中的协调系统，提供了诸如统一命名空间服务，配置服务和分布式锁等基础服务。

12．____的经典算法包括 ID3、C4.5、CART 算法。

  （A）K 近邻   （B）朴素贝叶斯

  （C）决策树   （D）分类与回归树

参考答案：（C）

知识要点： ID3、C4.5、CART 算法都是决策树的经典算法。

13．Hadoop 的核心技术都是为了把传统的单点式结构转变为____。

  （A）散点式结构   （B）集中结构

  （C）分布式结构   （D）平台式结构

参考答案：（C）

知识要点： Hadoop 的核心技术都是为了把传统的单点式结构转变为分布式结构，分为分布式计算、分布式存储、分布式数据库等。

2.2 大数据应用现状与发展趋势

2.2.1 知识点分析

  当前大数据的应用已经拓展到金融、医疗、零售、通信、教育等各行各业中，并产生了巨大的社会价值和产业空间。

2.2.2 习题及解析

1．大数据的应用核心技术分为____。

  （A）数据采集、数据预处理   （B）数据存储、数据清洗

  （C）数据统计分析和数据可视化 （D）以上都包括

参考答案：（D）

知识要点： 大数据的应用核心技术分为数据采集、数据预处理、数据存储、数据清洗、数据统计分析和数据可视化。

2．数据预处理有多种方法，有____。

  （A）数据清理、数据集成、数据变换、数据归约

  （B）数据存储、数据清洗、数据变换、数据归约

  （C）数据统计分析、数据可视化、数据清理、数据集成

  （D）以上都不正确

参考答案：（A）

知识要点： 数据预处理有多种方法有数据清理、数据集成、数据变换、数据归约等。

3．____需要精通 HTML5+CSS3、手写 CSS 代码的能力，熟悉响应式开发。

  （A）大数据系统研发工程师   （B）数据可视化工程师

（C）大数据应用开发工程师　　　　　　（D）数据安全研发人才

参考答案：（B）

知识要点： 数据可视化工程师需要精通 HTML5+CSS3、手写 CSS 代码的能力，熟悉响应式开发。

4. ____正式推出大数据平台的新一代架构——"湖仓一体（Lake house）"。

　　（A）腾讯　　　　（B）华为　　　　（C）阿里云　　　　（D）百度

参考答案：（C）

知识要点： 阿里云正式推出大数据平台的新一代架构——"湖仓一体（Lake house）"。

5. 大数据安全防范注意事项包括____。

　　（A）加强信息安全保护意识、提升安全防范意识

　　（B）网上注册内容时不要填写个人私密信息

　　（C）尽量远离社交平台涉及的互动类活动

　　（D）以上都包括

参考答案：（D）

知识要点： 大数据安全防范需要注意各种形式的诈骗，防患于未然。

第 3 章 人工智能

3.1 人工智能概述

3.1.1 知识点分析

人工智能体现"人工"和"智能"两部分含义。人类借助平台、框架，算法，用智能化的机器训练为人类更好地服务。

3.1.2 习题及解析

1．"人工智能"这一词汇最早出现于____年。
　　（A）1956　　　　（B）1958　　　　（C）1966　　　　（D）1960
参考答案：（A）
知识要点："人工智能"这一概念最早公开出现于 1956 年，在达特莫斯（Dartmouth）举行的研讨会上。

2．人工智能的定义可以分为两部分，即"人工"和"____"。
　　（A）智慧　　　　（B）智能　　　　（C）信息　　　　（D）数据
参考答案：（B）
知识要点：人工智能体现在"人工"和"智能"两部分。

3．人工智能是____的一个分支，该领域的研究包括机器人、语言识别、图像识别、自然语言处理和专家系统等。
　　（A）数学科学　　　　　　　　（B）计算机科学
　　（C）高科技　　　　　　　　　（D）逻辑科学
参考答案：（B）
知识要点：人工智能是计算机科学的一个分支，该领域的研究包括机器人、语言识别、图像识别、自然语言处理和专家系统等。

4．1997 年，国际商业机器公司研制的超级计算机____战胜了国际象棋世界冠军卡斯帕罗夫。
　　（A）索菲亚　　　　　　　　　（B）阿尔法狗

(C) 深蓝　　　　　　　　　　　　(D) 以上都不正确

参考答案：（C）

知识要点： 1997 年，国际商业机器公司研制了一款重达 1270 公斤的超级计算机深蓝，战胜了国际象棋世界冠军卡斯帕罗夫。

5. 人工智能分为弱人工智能、强人工智能和____三类。
   (A) 高人工智能　　　　　　　　(B) 超人工智能
   (C) 海人工智能　　　　　　　　(D) 云人工智能

参考答案：（B）

知识要点： 人工智能分为弱人工智能、强人工智能和超人工智能三类。

6. 人工智能的表现形式有____。
   (A) 会看、会学习　　　　　　　(B) 会听、会思考
   (C) 会行动　　　　　　　　　　(D) 以上都包括

参考答案：（D）

知识要点： 人工智能的表现形式有会看、会听、会行动、会思考、会学习等。

7. 人工智能常用开源框架有____。
   (A) Cafarella、Scikit-learn　　　(B) TensorFlow
   (C) PyTorch　　　　　　　　　　(D) 以上都包括

参考答案：（D）

知识要点： 人工智能常用开源框架有 Cafarella、TensorFlow、PyTorch、Scikit-learn 等。

8. 研究人工智能目的是促使智能机器会听，主要体现在____。
   (A) 语音合成、人机对话　　　　(B) 图像识别、文字识别
   (C) 语音识别、机器翻译　　　　(D) 人机对弈、定理证明

参考答案：（C）

知识要点： 研究人工智能目的是促使智能机器会听（语音识别、机器翻译等）、会看（图像识别、文字识别等）、会说（语音合成、人机对话等）、会思考（人机对弈、定理证明等）、会学习（机器学习、知识表示等）、会行动（机器人、自动驾驶汽车等）。

9. 研究人工智能目的是促使智能机器会行动，主要体现在____。
   (A) 机器人、自动驾驶汽车
   (B) 机器学习、知识表示
   (C) 语音识别、机器翻译
   (D) 人机对弈、定理证明

参考答案：（A）

知识要点： 同习题 8

10. ____由 Google Brain 团队开发，是一个开源库，非常适合处理大量复杂的数值计算，能够实现各种深度神经网络的搭建。
    (A) Keras　　　　　　　　　　　(B) K 近邻、支持向量机
    (C) TensorFlow　　　　　　　　(D) Caffe

参考答案：（C）

知识要点： TensorFlow 由 Google Brain 团队开发，是一个开源库，非常适合处理大量复杂的数值计算，能够实现各种深度神经网络的搭建。

3.2 人工智能应用现状与发展趋势

3.2.1 知识点分析

人工智能应用发展迅速，已经拓展使用在经济、金融、医疗、交通、食品等多个行业，未来的应用还会更宽、更广。

3.2.2 习题及解析

1. 人工智能之父____。
    （A）McCarthy　　　（B）图灵　　　（C）尼尔逊　　　（D）Eliza

参考答案：（B）

知识要点：英国数学家、逻辑学家艾伦·麦席森·图灵被称为计算机科学之父，人工智能之父。

2. 人工智能可以应用于____。
    （A）智能处理　　　　　　　　　（B）智能制造
    （C）智能分析　　　　　　　　　（D）以上都包括

参考答案：（D）

知识要点：人工智能应用广泛，现已在工业、农业、金融、交通、教育、服务业等行业广泛应用。

3. 在2019年10月18日教育部发布的《普通高等学校高等职业教育（专科）专业目录》中，增补了____专业。
    （A）计算机技术　　　　　　　　（B）人工智能技术服务
    （C）物联网　　　　　　　　　　（D）区块链

参考答案：（B）

知识要点：在2019年10月18日教育部发布的《普通高等学校高等职业教育（专科）专业目录》中，增补了人工智能技术服务专业。

4. 工业和信息化部于2020年3月就人工智能产业提出了未来产业研发岗位、应用开发岗位和____3类人才。
    （A）操作技能岗位　　　　　　　（B）智能研发岗位
    （C）实用技能岗位　　　　　　　（D）智能识别岗位

参考答案：（C）

知识要点：工业和信息化部于2020年3月就人工智能产业提出了未来产业研发岗位、应用开发岗位和实用技能岗位3类人才。

5. 人工智能产业人才岗位主要将集中在____方向。
    （A）物联网、智能芯片
    （B）机器学习、深度学习、智能语音
    （C）智能语音、自然语言处理、计算机视觉、知识图谱和服务机器人
    （D）以上都包括

参考答案：（D）

知识要点：人工智能产业人才岗位主要将集中包括物联网、智能芯片、机器学习、深度学习、智能语音、自然语言处理、计算机视觉、知识图谱和服务机器人9个发展方向。

6．1989年，美国卡内基梅隆大学的研究人员Dean Pomerleau花费了8年的时间，研发出了一套名叫____的无人驾驶系统，并用在了NAVLAB货车上。

（A）BLVINN　　　　（B）ALVINN　　　　（C）CLVINN　　　　（D）DLVINN

参考答案：（B）

知识要点：美国卡内基梅隆大学的研究人员Dean Pomerleau研发了名为ALVINN（Autonomous Land Vehicle In a Neural Network）的无人驾驶系统，并用在了NAVLAB货车上。

第 4 章 云计算

4.1 云计算概述

4.1.1 知识点分析

云计算是一种按使用量付费的模式,这种模式提供可用的、便捷的、按需的网络访问,进入可配置的计算资源共享池(资源包括网络、服务器、存储、应用软件、服务),只需投入很少的管理工作,或与服务供应商进行很少的交互,这些资源就能够被快速提供。

4.1.2 习题及解析

1. 云计算是对____技术的发展与运用。
   (A)并行计算　　　　　　　　(B)网格计算
   (C)分布式计算　　　　　　　(D)三个选项都是

参考答案:(D)

知识要点:云计算是一种按使用量付费的模式,根据云计算的定义,云计算是结合了几种计算方式,并不是某一种计算方式的发展与运用。

2. 2008 年,____在中国建立云计算中心。
   (A)IBM　　　(B)Google　　　(C)Amazon　　　(D)微软

参考答案:(A)

知识要点:2008 年 2 月,IBM 在中国无锡太湖新城科教产业园启动"IBM-中国云计算中心"的建设,这被认为是全球第一个云计算中心(Cloud Computing Center)。

4.2 云计算应用现状与发展趋势

4.2.1 知识点分析

云计算服务提供商是云计算服务的提供者,它以软件即服务(Software as a Service,SaaS)、平台即服务(Platform as a Service,PaaS)、基础设施即服务(Infrastructure as a Service,IaaS)

的模式将云计算资源组织起来，提供给用户。云计算服务的用户可以是大型企业、政府、事业单位、科研单位，也可以是中小型企业，甚至是个人。云计算服务提供商将云计算资源以多种模式进行组织，将其以服务的形式像水和电一样提供给用户使用。

4.2.2 习题及解析

1. 将软件作为服务的云计算服务类型是____。
   （A）IaaS （B）PaaS
   （C）SaaS （D）三个选项都是

   参考答案：（C）

   知识要点：软件即服务是云计算的一种服务模式，即把软件作为一种服务提供给用户。

2. SaaS产品主要优势是____。
   （A）随时随地访问 （B）支持公开协议
   （C）多住户机制 （D）三个选项都是

   参考答案：（D）

   知识要点：SaaS产品主要优势：（1）随时随地访问；（2）支持公开协议；（3）安全保障；（4）多住户机制；（5）优化服务的收费方式；（6）灵活选择；（7）面向用户；（8）产品优化。

3. 将平台作为服务的云计算服务类型是____。
   （A）IaaS （B）PaaS
   （C）SaaS （D）三个选项都是

   参考答案：（B）

   知识要点：平台即服务（PaaS）是云计算的一种服务模式，即把平台作为一种服务提供给用户。

4. 以下选项中不是PaaS产品主要优势的是____。
   （A）友好的开发环境 （B）自动的资源调度
   （C）产品优化 （D）易学习

   参考答案：（C）

   知识要点：PaaS产品主要优势：（1）友好的开发环境；（2）丰富的服务；（3）自动的资源调度；（4）精细的管理和监控；（5）易学习；（6）使用高安全的安全协议。

5. 将基础设施作为服务的云计算服务类型是____。
   （A）IaaS （B）PaaS
   （C）SaaS （D）三个选项都是

   参考答案：（A）

   知识要点：基础设施即服务（IaaS）是云计算的一种服务模式，即把基础设施作为一种服务提供给用户。

6. 以下选项中属于IaaS产品优势的是____。
   （A）计费管理 （B）优化服务的收费方式
   （C）使用高安全的安全协议 （D）三个选项都不是

   参考答案：（A）

   知识要点：IaaS产品主要优势：（1）资源抽象；（2）资源监控；（3）负载管理；（4）多数据管理；（5）资源部署；（6）安全管理；（7）计费管理。

7．____是私有云计算基础架构的基石。
   （A）虚拟化　　　（B）分布式　　　（C）并行　　　（D）集中式

参考答案：（A）

知识要点： 私有云计算服务是指向用户提供以资源和计算能力为主的云计算服务，包括硬件虚拟化、集中管理、弹性资源调度等。

8．不属于云计算缺点的是____。
   （A）隐私与安全保障有限
   （B）云计算的功能可能有限
   （C）不能提供可靠、安全的数据存储
   （D）可能存在脱机问题

参考答案：（C）

知识要点： 通过云计算的定义以及部署方式综合了解到，云计算是可以提供可靠、安全的数据存储。

9．____是公有云计算基础架构的基石。
   （A）虚拟化　　　（B）分布式　　　（C）并行　　　（D）集中式

参考答案：（B）

知识要点： 公有云的服务通过公共的基础设施提供给多个用户。公有云的核心属性是共享资源服务，理论上任何人都可以通过授权接入该平台。

10．云计算的基本原理为：利用非本地或远程服务器（集群）的分布式计算机为互联网用户提供服务（计算、存储、软硬件等服务）。以上说法是____的。
   （A）正确　　　　　　　　　　　　（B）错误

参考答案：（A）

知识要点： 私有云计算服务是指向用户提供以资源和计算能力为主的云计算服务，包括硬件虚拟化、集中管理、弹性资源调度等。

11．云计算就是把计算资源都放到____上。
   （A）对等网　　　　　　　　　　　（B）因特网
   （C）广域网　　　　　　　　　　　（D）无线网

参考答案：（B）

知识要点： 目前常见的分布式计算项目通常利用世界各地上千万志愿者计算机的闲置计算能力，通过互联网进行数据传输。

12．对于云计算，简单地理解为云计算等于资源的闲置而产生的。以上说法是____的。
   （A）正确　　　　　　　　　　　　（B）错误

参考答案：（A）

知识要点： 同习题11

13．云计算架构中，以下不属于横向层的是____。
   （A）显示层　　　　　　　　　　　（B）管理层
   （C）中间件层　　　　　　　　　　（D）基础设施层

参考答案：（B）

知识要点： 云计算架构主要可分为4层，其中有3层是横向的，分别是显示层、中间件层和基础设施层，还有1层是纵向的，称为管理层。

14．以下选项中，属于显示层技术的是____。
（A）HTML　　　　　　　　　（B）JavaScript
（C）CSS　　　　　　　　　　（D）以上都是

参考答案：（D）

知识要点： 显示层主要用于以友好的方式展现用户所需的内容，并会利用到中间件层提供的多种服务，主要有 5 种技术：（1）HTML；（2）JavaScript；（3）CSS；（4）Flash；（5）Silverlight。

15．中间层技术中不包括____。
（A）Silverlight　　　　　　　（B）REST
（C）多租户　　　　　　　　　（D）并行处理

参考答案：（A）

知识要点： 中间件层是承上启下的，它提供了多种服务，主要有 5 种技术：（1）REST；（2）多租户；（3）并行处理；（4）应用服务器；（5）分布式缓存。

16．以下选项中，属于基础设施层技术的是____。
（A）系统虚拟化　　　　　　　（B）分布式存储
（C）关系型数据库　　　　　　（D）以上都是

参考答案：（D）

知识要点： 基础设施层的作用是为中间件层或者用户准备所需的计算和存储等资源，主要有 4 种技术：（1）系统虚拟化；（2）分布式存储；（3）关系型数据库；（4）NoSQL。

17．管理层技术中不包括____。
（A）账号管理　　　　　　　　（B）SLA 监控
（C）多租户　　　　　　　　　（D）计费管理

参考答案：（C）

知识要点： 管理层是为横向的 3 层服务的，并给这 3 层提供多种管理和维护等方面的技术，主要有 6 种技术：（1）账号管理；（2）SLA 监控；（3）计费管理；（4）安全管理；（5）负载均衡；（6）运维管理。

18．____属于云计算的关键技术。
（A）虚拟机技术　　　　　　　（B）数据存储技术
（C）数据管理技术　　　　　　（D）以上都是

参考答案：（D）

知识要点： 云计算的关键技术包括以下 7 个方向：（1）虚拟机技术；（2）数据存储技术；（3）数据管理技术；（4）分布式编程与计算；（5）虚拟资源的管理与调度；（6）云计算的业务接口；（7）云计算相关的安全技术。

4.3　经典应用

4.3.1　知识点分析

以百度云计算为例，介绍云计算 SaaS、PaaS、IaaS 的部分服务和产品，如百度简单消息服务、百度云安全服务、百度关系型数据库服务、百度云计算服务器、百度物理服务器、百度云磁盘服务等。

4.3.2 习题及解析

1. 以百度简单消息服务为例,关于百度简单消息服务的产品功能说法正确的是____。
   （A）灵活下发　　　　　　　　　（B）内容定制
   （C）配额设定　　　　　　　　　（D）以上都是

   参考答案：（D）

   知识要点：百度简单消息服务（Simple Message Service，SMS）是百度公司提供的 SaaS 云计算服务,百度简单消息服务的产品功能：（1）灵活下发；（2）内容定制；（3）配额设定；（4）数据统计。

2. 以百度云安全服务为例,关于百度云安全服务的产品特点相关说法不正确的是____。
   （A）免费易用　　　　　　　　　（B）即刻送达
   （C）全方位防护　　　　　　　　（D）专业服务

   参考答案：（B）

   知识要点：百度云安全服务（Baidu Security Service，BSS）是百度公司提供的 SaaS 云计算服务,百度云安全服务的产品特点：（1）免费易用；（2）全方位防护；（3）专业服务。

3. 以百度关系型数据库服务为例,关于百度关系型数据库服务的产品特点相关说法正确的是____。
   （A）高可用　　　　　　　　　　（B）可扩展易付费
   （C）易使用　　　　　　　　　　（D）以上都是

   参考答案：（D）

   知识要点：百度关系型数据库服务（Relational Database Service，RDS）是百度公司提供的数据库服务,百度关系型数据库服务的产品特点：（1）高可用；（2）可扩展易付费；（3）易使用；（4）高规格。

4. 以百度云磁盘服务为例,关于百度云磁盘服务的产品功能说法不正确的是____。
   （A）灵活下发　　　　　　　　　（B）存储服务
   （C）备份服务　　　　　　　　　（D）独立存储

   参考答案：（A）

   知识要点：百度云磁盘服务的产品功能：（1）存储服务；（2）备份服务；（3）独立存储；（4）按需付费。

5. 在基础设施类云服务中,____属于云计算的合理选择。
   （A）计算资源服务　　　　　　　（B）存储资源服务
   （C）网络资源服务　　　　　　　（D）以上都是

   参考答案：（D）

   知识要点：基础设施类云服务有以下 4 个方向：（1）计算资源服务；（2）存储资源服务；（3）网络资源服务；（4）安全防护服务。

6. 在平台系统类服务中,____不属于云计算的合理选择。
   （A）安全防护服务　　　　　　　（B）数据库服务
   （C）大数据分析服务　　　　　　（D）中间件平台服务

   参考答案：（A）

知识要点：平台系统类服务有以下 5 个方向：（1）数据库服务；（2）大数据分析服务；（3）中间件平台服务；（4）物联网平台服务；（5）软件开发平台服务。

7. 在业务应用服务中，____属于云计算的合理选择。
　　（A）协同办公服务　　　　　　　（B）经营管理应用服务
　　（C）运营管理服务　　　　　　　（D）以上都是

参考答案：（D）

知识要点：云计算从业务应用服务有以下 6 个方向：（1）协同办公服务；（2）经营管理应用服务；（3）运营管理服务；（4）研发设计服务；（5）生产控制服务；（6）智能应用服务。

第 5 章 现代通信技术

5.1 现代通信技术概述

5.1.1 知识点分析

现代移动通信技术主要分为低频、中频、高频、甚高频和特高频几个频段，在这几个频段之中，技术人员可以利用移动台技术、基站技术、移动交换技术，对移动通信网络内的终端设备进行连接，满足人们的移动通信需求。

2015 年 10 月 26 日至 30 日，在瑞士日内瓦召开的 2015 无线电通信全会上，国际电信联盟无线电通信部门（ITU-R）正式批准了 3 项有利于推进未来 5G 研究进程的决议，并正式确定了 5G 的法定名称是"IMT-2020"。

5.1.2 知识点解析

1. 国际电信联盟的英文缩写是____。
   （A）IEEE 　　　　　　　　（B）ISO
   （C）ITU 　　　　　　　　　（D）IEC

参考答案：（C）

知识要点：国际电信联盟的英文缩写是 ITU。

2. 5G 的应用场景包含____。
   （A）增强移动宽带
   （B）超高可靠低时延通信
   （C）海量机器类通信
   （D）以上都是

参考答案：（D）

知识要点：5G 的应用场景分为三大类——增强移动宽带（enhanced Mobile Broadband，eMBB）、超高可靠低时延通信（ultra Reliable and Low LatenC Communication，uRLLC）、海量机器类通信（massive Machine Type of Communication，mMTC）。

5.2 现代通信技术应用现状与发展趋势

5.2.1 知识点分析

人类进行通信的历史悠久，最早是在我国和非洲古代采用击鼓传信的方式，非洲人用圆木特制的大鼓可传声至三四公里远，再通过"鼓声接力"和专门的"击鼓语言"传信，然后就出现了我们熟知的"烽火传信"，利用以火光传递信息的烽火台传信，然后到了19世纪中叶后，开始出现了电报电话，人类的通信领域产生了巨大的变化，直至20世纪80年代通信技术和通信产业已经成为发展最快的领域。

5.2.2 习题及解析

1. 移动通信技术的发展阶段包含____。
   （A）语言和文字通信阶段　　　　　（B）电通信阶段
   （C）电子信息通信阶段　　　　　　（D）以上都是

   参考答案：（D）
   知识要点： 移动通信技术的发展可以分为三个阶段：第一阶段是语言和文字通信阶段，第二阶段是电通信阶段，第三阶段是电子信息通信阶段。

2. 以下属于传输技术的应用的是____。
   （A）固定电话　　　　　　　　　　（B）移动通信
   （C）Internet 网络　　　　　　　　（D）以上都是

   参考答案：（D）
   知识要点： 传输技术广泛应用于固定电话、移动通信、闭路电视系统、无线电台、卫星技术、Internet 网络等。

3. 以下属于 5G 典型应用场景是____。
   （A）eMBB　　　（B）uRLLC　　　（C）mMTC　　　（D）以上都是

   参考答案：（D）
   知识要点： 5G 的 3 类应用场景：eMBB、uRLLC、mMTC。

4. 5G 无线关键技术中，关于提高速率技术的描述正确的是____。
   （A）大规模天线技术　　　　　　　（B）高阶调制技术
   （C）改进型正交频分复用技术　　　（D）以上都是

   参考答案：（D）
   知识要点： 5G 无线关键技术中，关于提高速率技术包含三个方面：(1) 大规模天线技术；(2) 高阶调制技术；(3) 改进型正交频分复用技术。

5. 5G 无线关键技术中，关于降低时延技术的描述正确的是____。
   （A）时隙调度技术　　　　　　　　（B）免调度技术
   （C）设备到设备技术　　　　　　　（D）以上都是

   参考答案：（D）
   知识要点： 5G 无线关键技术中，关于降低时延技术包含三个方面：(1) 时隙调度技术；(2) 免调度技术；(3) 设备到设备技术。

6. 5G 移动通信系统网络架构中，属于无线接入网的设备是____。
   （A）BTS　　　　　（B）BSC　　　　　（C）gNodeB　　　　　（D）eNodeB

参考答案：（C）

知识要点：eNodeB 表示 4G 无线接入设备，gNodeB 表示 5G 无线接入设备（5G 基站）。

7. 关于 5G 网络特点，以下说法正确的是____。
   （A）所有硬件的资源池化　　　　　（B）软件的架构要实现全分布化
   （C）全自动化　　　　　　　　　　（D）以上都是

参考答案：（D）

知识要点：全面云化网络需要具备以下 3 个关键特征：（1）所有硬件的资源池化；（2）软件的架构要实现全分布化；（3）全自动化。

5.3 经典应用

5.3.1 知识点分析

了解蓝牙、Wi-Fi、ZigBee、射频识别、卫星通信、光纤通信等现代通信技术的特点和应用场景。

5.3.2 习题及解析

1. 关于蓝牙技术的特点，以下描述正确的是____。
   （A）蓝牙模块体积很小、便于集成　　（B）低功耗
   （C）全球范围适用　　　　　　　　　（D）以上都是

参考答案：（D）

知识要点：蓝牙技术的特点如下：（1）蓝牙模块体积很小、便于集成；（2）低功耗；（3）全球范围适用；（4）同时可传输语音和数据；（5）具有很好的抗干扰能力；（6）可以建立临时性的对等连接；（7）成本低；（8）开放的接口标准。

2. 关于 Wi-Fi 应用场景，以下说法不正确的是____。
   （A）网络媒体　　　　　　　　　（B）智能穿戴
   （C）掌上设备　　　　　　　　　（D）日常休闲

参考答案：（B）

知识要点：Wi-Fi 应用场景如下：（1）网络媒体；（2）掌上设备；（3）日常休闲；（4）客运列车。

3. 关于 ZigBee 的特点，以下描述正确的是____。
   （A）网络容量大　　　　　　　　（B）可靠
   （C）安全　　　　　　　　　　　（D）以上都是

参考答案：（D）

知识要点：蓝牙技术的特点如下：（1）低功耗；（2）成本低；（3）低复杂性；（4）时延短；（5）网络容量大；（6）可靠；（7）安全。

4. 关于射频识别应用场景，以下说法不正确的是____。
   （A）网络媒体　　　　　　　　　（B）物流

　　　　（C）交通　　　　　　　　　　（D）身份识别

参考答案：（A）

知识要点：射频识别应用场景如下：（1）物流；（2）交通；（3）防伪；（4）身份识别；（5）资产管理；（6）食品；（7）信息统计；（8）查阅应用；（9）安全控制。

5. 关于光纤通信的特点，以下描述正确的是____。

　　　　（A）传输频带宽，通信容量大　　　（B）传输损耗小，中继距离长
　　　　（C）抗电磁干扰，传输质量好　　　（D）以上都是

参考答案：（D）

知识要点：光纤通信的特点如下：（1）传输频带宽、通信容量大；（2）传输损耗小、中继距离长；（3）抗电磁干扰、传输质量好；（4）体积小、重量轻、便于施工；（5）原材料丰富、节约有色金属、有利于环保。

6. 关于卫星通信的应用场景，以下说法不正确的是____。

　　　　（A）VSAT 卫星通信系统　　　　（B）卫星移动通信系统
　　　　（C）身份识别　　　　　　　　　（D）直播卫星系统

参考答案：（C）

知识要点：射频识别应用场景如下：（1）VSAT 卫星通信系统；（2）卫星移动通信系统；（3）直播卫星系统；（4）全球卫星导航系统。

第 6 章 物联网

6.1 物联网概述

6.1.1 知识点分析

物联网是新型系统的代名词,是"万物相连的互联网"。物联网的英文名称是 Internet of Things,物联网的特征可概括为全面感知、可靠传输和智能处理。结合物联网的特征,将其架构从下到上大致分为 3 层,分别是感知层、网络层和应用层,每一层都有其核心技术。物联网的出现不仅促进了社会生产力的高速发展,还在一定程度上使人类社会的生产方式、生活方式和思维方式都进行了极大的革新。

6.1.2 习题及解析

1. 物联网的英文名称是____。
   (A) Internet of Matters   (B) Internet of Things
   (C) Internet of Theorys   (D) Internet of Clouds

   参考答案:(B)
   知识要点:物联网(Internet of Things,IoT)即"万物相连的互联网"。

2. 物联网的特征不包括____。
   (A) 全面感知   (B) 可靠传输
   (C) 智能处理   (D) 万物联通

   参考答案:(D)
   知识要点:物联网的特征可概括为全面感知、可靠传输和智能处理。

3. 物联网的体系架构不包括____。
   (A) 系统层   (B) 感知层   (C) 网络层   (D) 应用层

   参考答案:(A)
   知识要点:物联网的基本体系架构可分为感知层、网络层和应用层三大层次。

4. ____不属于感知层。
   (A) 大数据   (B) 电子标签

（C）射频识别器　　　　　　　　　（D）全球定位系统

参考答案：（A）

知识要点：物联网运用的二维码标签、电子标签、条形码和读写器、射频识别器、全球定位系统、红外感应器等这些传感设备，它们的作用就像是人的五官，可以识别和获取各类事物的数据信息。

5. ____不属于网络层。
   （A）互联网　　　　　　　　　　（B）有线通信网
   （C）无线通信网　　　　　　　　（D）数据挖掘

参考答案：（D）

知识要点：网络层由各种私有网络、互联网、有线通信网、无线通信网、网络管理系统和云计算平台等组成，相当于人的神经中枢和大脑，对接收到的各种感知信息进行传送，实现信息的交互共享和有效处理，关键在于为物联网应用特征进行优化和改进，形成协同感知的网络。

6. ____不属于应用层的标准体系。
   （A）应用层框架标准　　　　　　（B）软件和算法标准
   （C）云计算技术标准　　　　　　（D）物联网信息中心

参考答案：（D）

知识要点：物联网应用层的标准体系主要包括应用层架构标准、软件和算法标准、云计算技术标准、行业或公众应用类标准以及相关安全体系标准。

7. 传感器的物理组成不包括____。
   （A）敏感元件　　　　　　　　　（B）转换元件
   （C）电子线路元件　　　　　　　（D）电路介质

参考答案：（D）

知识要点：传感器的物理组成包括敏感元件、转换元件以及电子线路元件三部分。敏感元件可以直接感受对应的物品；转换元件也叫传感元件，主要作用是将其它形式的数据信号转换为电信号；电子线路元件作为转换电路可以调节信号，将电信号转换为可供人和计算机处理、管理的有用电信号。

8. 射频识别系统由____组成。
   （A）电子标签　　　　　　　　　（B）读写器
   （C）感应系统　　　　　　　　　（D）中央信息系统

参考答案：（C）

知识要点：物联网中的感知层通常都要建立一个射频识别系统，该识别系统由电子标签、读写器以及中央信息系统三部分组成。其中，电子标签一般安装在物品的表面或者内嵌在物品内层，标签内存储着物品的基本信息，以便被物联网设备识别；读写器有三个作用，一是读取电子标签中有关待识别物品的信息，二是修改电子标签中待识别物品的信息，三是将所获取的物品信息传输到中央信息系统中进行处理；中央信息系统的作用是分析和管理读写器从电子标签中读取的数据信息。

9. ____不是 ZigBee 的技术特点。
   （A）近距离　　　　　　　　　　（B）高功耗
   （C）低复杂度　　　　　　　　　（D）低数据传输速率

参考答案：（B）

知识要点： ZigBee 只能完成短距离、小量级的数据流量传输，这是因为它的速率较低且通信范围较小。

10. 无线传感器网络的英文简称是____。
    （A）WSN 　　　（B）MSN 　　　（C）WMN 　　　（D）PAN

参考答案：（A）

知识要点： 无线传感器网络的英文简称是 WSN，即在众多传感器之间建立一种无线自组织网络，并利用这种无线自组织网络实现这些传感器之间的信息传输。

11. M2M 的概念不包含____。
    （A）人到机器 　　　　　　　　　（B）机器到人
    （C）人到人　　　　　　　　　　　（D）机器到机器

参考答案：（C）

知识要点： M2M 的英文全称为 Machine-to-Machine，也就是机器对机器的意思。该技术可以实现三种形式的实时数据无线连接，一种是系统之间的连接，另一种是远程设备之间的连接，还有一种是人与机器之间的连接。

6.2 物联网应用现状与发展趋势

6.2.1 知识点分析

自 1991 年"特洛伊"咖啡壶事件发生，到 1995 年比尔·盖茨撰写的《未来之路》，物联网的概念在人们大脑中逐渐形成，而正式提出物联网的概念是在 2005 年国际电信联盟（ITU）发布的《ITU 互联网报告 2005：物联网》中。2009 年以来，美国、欧盟各国和我国先后将物联网纳入国家发展战略，提升国家综合竞争力。

6.2.2 知识点解析

1. 真正的"物联网"概念最早由____提出。
   （A）特洛伊计算机实验室　　　　　（B）比尔·盖茨的《未来之路》
   （C）英国工程师 Kevin Ashton　　 （D）国际电信联盟（ITU）

参考答案：（C）

知识要点： 真正的"物联网"概念最早由英国工程师 Kevin Ashton 于 1998 年春在宝洁公司的一次演讲中首次提出。

2. 真正的"物联网"概念由____正式提出。
   （A）特洛伊计算机实验室　　　　　（B）比尔·盖茨的《未来之路》
   （C）英国工程师 Kevin Ashton　　 （D）国际电信联盟（ITU）

参考答案：（D）

知识要点： 2005 年 11 月 17 日，在突尼斯举行的信息社会世界峰会（WSIS）上，国际电信联盟（ITU）发布了《ITU 互联网报告 2005：物联网》，正式提出"物联网"的概念。

3. "智慧的地球"这一发展概念由____提出。
   （A）阿基米德　　　　　　　　　　（B）彭明盛

（C）奥巴马　　　　　　　　　　　（D）欧盟

参考答案：（B）

知识要点： 2008年11月，IBM总裁兼首席执行官彭明盛Samuel Palmisano首次提出了"智慧的地球"这一发展概念。他认为，智能技术正应用到生活的各个方面，如智慧的医疗、智慧的交通、智慧的电力、智慧的食品、智慧的货币、智慧的零售业、智慧的基础设施甚至智慧的城市，这使地球变得越来越智能化。

4. "感知中国"中心就定在____。

（A）无锡　　　　（B）上海　　　　（C）重庆　　　　（D）北京

参考答案：（A）

知识要点： 2009年8月7日，时任国务院总理温家宝同志视察无锡物联网产业研究院（当时为中科院无锡高新微纳传感网工程技术研发中心）时高度肯定了"感知中国"的战略建议，并决定"感知中国"中心就定在无锡。

5. 物联网2.0时代是____。

（A）Internet of Matters　　　　　　（B）Internet of Things
（C）Internet of Everything　　　　（D）Internet of Clouds

参考答案：（C）

知识要点： 物联网2.0也可以理解为IoE（Internet of Everything），而物联网1.0是IoT（Internet of Things）。

6.3 经典应用

6.3.1 知识点分析

随着时代和科技的快速发展，物联网技术已经被应用在我们生活的方方面面，主要在我们生活中的9大领域：智慧城市、智慧医疗、智慧交通、智慧物流、智慧校园、智慧家居、智慧电网、智慧工业、智慧农业，给我们生活带来了个性化、智慧化、创新化的信息新生活。

6.3.2 习题及解析

1. ____不属于智能物流的服务。

（A）数码仓储应用系统　　　　　　（B）供应链库存透明化
（C）物流的全程跟踪和控制　　　　（D）远程配送

参考答案：（D）

知识要点： 智慧物流是利用集成智能化技术，使物流系统能模仿人的智能，具有思维、感知学习、推理判断和自行解决物流中某些问题的能力。即在流通过程中获取信息，从而分析信息作出决策，使商品从源头开始被实施跟踪与管理，实现信息流快于实物流。即可通过RFID、传感器、移动通信技术等实现配送货物自动化、信息化和网络化。

2. ____中描述的不是智能电网。

（A）发展智能电网，更多地使用电力代替其它能源，是一种"低碳"的表现
（B）将家中的整个用电系统连成一体，一个普通的家庭就能用上"自家产的电"
（C）家中空调能够感应外部温度自动开关，并能自动调整室内温度

（D）通过先进的传感和测量技术、先进的设备技术、控制方法以及先进的决策支持系统技术等，实现电网的可靠、安全、经济、高效、环境友好和使用安全的目标

参考答案：（C）

知识要点：智慧电网是以物理电网为基础（中国的智能电网是以特高压电网为骨干网架、各电压等级电网协调发展的坚强电网为基础），将现代先进的传感测量技术、通信技术、信息技术、计算机技术和控制技术与物理电网高度集成而形成的新型电网。它以充分满足用户对电力的需求和优化资源配置，确保电力供应的安全性、可靠性和经济性，满足环保约束，保证电能质量，适应电力市场化发展等为目的，实现对用户可靠、经济、清洁互动的电力供应和增值服务。

3. 小王自驾车到一座陌生的城市出差，则对他来说可能最为有用的是____。
   （A）停车诱导系统 （B）实时交通信息服务
   （C）智能交通管理系统 （D）车载网络

参考答案：（B）

知识要点：实时交通信息服务。可以提供实时路况、交通气象、交通管制、停车位信息、最优路线等信息服务内容，根据这些信息，出行者可提前安排出行计划，变更出行路线，使出行更安全、更便捷、更可靠。

4. 精细农业系统不基于____实现短程、远程监控。
   （A）ZigBee 网络 （B）GPRS 网络
   （C）Internet （D）CDMA

参考答案：（D）

知识要点：智慧农业是农业生产的高级阶段，是集新兴的物联网技术、互联网技术、移动互联网技术、云计算技术为一体的智能化信息管理与决策控制系统，依托部署在农业生产现场的各种传感仪器和无线通信网络实现农业生产环境的智能感知、智能预警、智能决策、智能分析、专家在线指导，为农业生产提供精准种植、精准养殖、精准畜牧为一体的可视化管理、智能化决策系统。

5. ____不属于物联网九大应用范畴。
   （A）智慧电网 （B）智慧医疗
   （C）智能通信 （D）智慧城市

参考答案：（C）

知识要点：随着时代和科技的快速发展，物联网技术被应用在我们生活的方方面面，主要在我们生活中的九大领域：智慧城市、智慧医疗、智慧交通、智慧物流、智慧校园、智慧家居、智慧电网、智慧工业、智慧农业。

第 7 章 虚拟现实

7.1 虚拟现实概述

7.1.1 知识点分析

虚拟现实是一种可创建和体验虚拟世界的计算机仿真系统,其利用高性能计算机生成一种模拟环境,是一种多源信息融合的、交互式的三维动态视景和实体行为的系统仿真。虚拟现实具有沉浸性、交互性和构想性三大特点,已广泛应用于娱乐、教育、设计、医学、军事等多个领域。

7.1.2 习题及解析

1. 下列不是虚拟现实特点的是____。
   （A）沉浸性　　　　（B）交互性　　　　（C）基础性　　　　（D）构想性

参考答案：（C）

知识要点：虚拟现实技术区别于其它计算机技术的三个鲜明特征是沉浸性、交互性和构想性,也称 3I 特征（Immersion、Interaction、Imagination）。沉浸性是指给用户逼真的、身临其境的感觉,指用户感受到的作为主角存在于虚拟环境中的真实程度。用户可戴上头盔显示器、数据手套、眼镜等交互设备,将自己置身于虚拟环境中,成为虚拟环境的一部分。交互性是指人能以较为自然的交互方式与虚拟环境中的对象进行交互,例如利用键盘、鼠标、眼镜、数据手套、体感照相机等。构想性指的是用户根据在虚拟环境中获取到的视觉、听觉和触觉信息,结合联想、推理和判断,对未来进行想象从而获取更丰富的知识,加强用户认知能力。

2. 虚拟现实又被称为____。
   （A）虚拟环境　　　　　　　　　　　（B）虚拟机
   （C）元宇宙　　　　　　　　　　　　（D）虚拟信息

参考答案：（A）

知识要点：虚拟现实是一种可创建和体验虚拟世界的计算机仿真系统,其利用高性能计算机生成一种模拟环境,是一种多源信息融合的、交互式的三维动态视景和实体行为的系统仿真。虚拟现实（Virtual Reality，简称 VR），是一种基于可计算信息的沉浸式交互环境。它采用以计算机技术为核心的现代高科技生成逼真的视、听、触觉一体化的虚拟环境。用户借助必要的设备以自然的方式与虚拟环境中的对象进行交互作用、相互影响，从而产生亲临真实环境的感受和体验。它的主要目标是消除人所处的环境和计算机系统之间的界限，即在计算机系统提供的虚拟空间中，人可以使用眼睛、耳朵、皮肤、手势和语言等各种感觉器官直接与之发生交互。

3．虚拟现实集成了计算机图形、____、人工智能、人机交互等技术。

（A）数据库　　　　　　　　　　（B）大数据
（C）计算　　　　　　　　　　　（D）计算机仿真

参考答案：（D）

知识要点：虚拟现实技术集成了计算机图形、计算机仿真、人工智能、人机交互等技术，是一种由计算机辅助技术生成的高技术模拟系统。

4．虚拟现实的英文简写是____。

（A）AR　　　　（B）VR　　　　（C）AD　　　　（D）RS

参考答案：（B）

知识要点：美国 VPL 公司的创建人之一 Jaron Lanier 在 20 世纪 80 年代初提出了"Virtual Reality"一词，简称 VR，中文译为"虚拟现实"或"灵境"。

5．____提出了"Virtual Reality"一词。

（A）Abel　　　　　　　　　　　（B）Abbott
（C）Adam Davis　　　　　　　　（D）Jaron Lanier

参考答案：（D）

知识要点：美国 VPL 公司的创建人之一 Jaron Lanier 在 20 世纪 80 年代初提出了"Virtual Reality"一词。

6．____年被称为虚拟现实元年。

（A）2016　　　　（B）2017　　　　（C）2018　　　　（D）2019

参考答案：（A）

知识要点：在 2016 年，VR 市场规模呈现爆发式增长。因此，2016 年也被称为 VR 元年。

7．2021 年，以虚拟现实为核心的____概念热度高涨。

（A）元数据　　　（B）元空间　　　（C）元宇宙　　　（D）元世界

参考答案：（C）

知识要点：元宇宙（Metaverse）是利用科技手段进行链接与创造的，与现实世界映射和交互的虚拟世界，具备新型社会体系的数字生活空间。元宇宙本质上是对现实世界的虚拟化、数字化过程，需要对内容生产、经济系统、用户体验以及实体世界内容等进行大量改造。

7.2　虚拟现实应用现状与发展趋势

7.2.1　知识点分析

美国 VPL 公司的创建人之一 Jaron Lanier 在 20 世纪 80 年代初提出了"Virtual Reality"一词，简称 VR。在航空航天、汽车展示、艺术设计、旅游规划、能源、工业虚拟装配等各领域场景均有使用。未来，VR 技术持续发展，行业标准将逐步推出，从而对产品分辨率、舒适度等多方面进行规范。随着 5G 技术的不断突破，无线 VR 设备将逐渐登上舞台，成为主流，使得用户在不同类型的虚拟环境中交互更加自然。

7.2.2 习题及解析

1. 5G 技术的特点有百倍带宽、____、超强移动等特性。
   （A）占用空间少　　　　　　　　（B）新技术
   （C）存储量大　　　　　　　　　（D）超低时延

   参考答案：（D）

   知识要点：5G 的百倍带宽、超低时延、超强移动的特性可以确保用户在沉浸体验、人际交互时有良好体验。

2. 虚拟现实设备的显示分辨率、帧率、自由度、延时、交互性能、重量、眩晕感等因素是用户衡量产品的主要性能指标。虚拟现实设备也在各项指标上日趋优化，更向____发展，为用户提供更加低能耗，高效率的移动使用体验。
   （A）多功能　　　　　　　　　　（B）硬件轻薄化
   （C）大存储　　　　　　　　　　（D）高速度

   参考答案：（B）

   知识要点：虚拟现实设备更向轻薄化发展，可为用户提供更加低能耗，高效率的移动使用体验。

7.3 经典应用

7.3.1 知识点分析

虚拟现实在航空航天、汽车展示、艺术设计、旅游规划、能源、工业虚拟装配等各领域场景均有使用。目前，市面上的虚拟现实引擎有多个，主要有 Virtools、VR-Platform、Unity 3D、Unreal Engine 4 等。其中，Unity 3D 是由 Unity Technologies 推出的一个让美术、建筑、汽车设计、影视在内的创作者，轻松创建诸如三维视频游戏、建筑可视化、实时三维动画等类综合型游戏的开发工具。支持的平台包括手机、平板电脑、PC、虚拟现实设备。

7.3.2 习题及解析

VR 直播是____与直播的结合，与传统电视观看相比，VR 直播最大区别是让观众身临其境来到现场，实时全方位体验。
（A）虚拟现实　　　　　　　　　（B）计算机网络
（C）大数据技术　　　　　　　　（D）人工智能

参考答案：（A）

知识要点：VR 直播与我们常见的新闻现场直播、电视节目直播不同点在于其具备全景、3D 以及交互三个特点。它采用 360 度全景的拍摄设备捕捉超清晰、多角度的画面，每一帧画面都是一个 360 度的全景，观看者可选择上下左右任意角度，体验逼真的沉浸感。

第 8 章 区块链

8.1 区块链概述

8.1.1 知识点分析

区块链是分布式数据库，它具有去中心化、透明性、自治性、信息不可篡改性、可追溯性、匿名性的特点，根据网络范围、开放程度的不同，将其分为公有区块链、私有区块链、联盟区块链三种类型，由数据层、网络层、共识层、激励层、合约层和应用层组成模型架构，其中加密技术、P2P 网络机制、智能合约、共识机制是区块链的核心技术。

8.1.2 习题及解析

1. 区块链是一个____账本。
   （A）单式   （B）复式
   （C）数字   （D）分布式

   参考答案：（D）
   知识要点： 区块链是一个分布式账本，是一种将数据区块以时间顺序相连的方式组合成的、并以密码学方式保证不可篡改和不可伪造的分布式数据库，同时也是通过"去中心化""去信任"的方式集体维护一个可靠数据库的技术方案，从而通过技术的手段实现对价值的编程以及点对点的安全和有效传输。

2. 区块链的特征不包括____。
   （A）中心化   （B）不可篡改
   （C）不可伪造   （D）可追溯性

   参考答案：（A）
   知识要点： 区块链的特征包括去中心化、透明性、自治性、信息不可篡改性、可追溯性、匿名性。

3. 区块链的分类不包括____。
   （A）公有区块链   （B）私有区块链
   （C）联盟区块链   （D）对称区块链

参考答案：（D）

知识要点： 根据网络范围、开放程度的不同，区块链分为公有区块链（Public Block Chains）、私有区块链（Private Block Chains）、联盟区块链（Consortium Block Chains）三种类型。

4. 区块链的模型架构不包括____。
   (A) 数据层　　　　　　　　　　(B) 共识层
   (C) 信任层　　　　　　　　　　(D) 合约层

参考答案：（C）

知识要点： 一般说来，区块链模型架构由数据层、网络层、共识层、激励层、合约层和应用层组成。

5. ____没有封装在区块头中。
   (A) 当前的版本号　　　　　　　(B) 交易详情
   (C) 时间戳　　　　　　　　　　(D) 目标哈希值

参考答案：（B）

知识要点： 区块头封装了当前的版本号（Version）、前一区块地址（Prev-block）、时间戳（Timestamp）、随机数（Nonce）、当前区块的目标哈希值（Bits）、Merkle 树的根值（Merkle-root）等信息。

6. ____不属于数据层的技术。
   (A) 数据区块　　　　　　　　　(B) 时间戳
   (C) 非对称加密　　　　　　　　(D) P2P 网络技术

参考答案：（C）

知识要点： "数据层"封装了底层数据区块的链式结构，以及相关的非对称公私钥数据加密技术和时间戳等技术，这是整个区块链技术中最底层的数据结构。

7. ____不属于网络层的技术。
   (A) 验证机制　　　　　　　　　(B) 传播机制
   (C) 非对称加密　　　　　　　　(D) P2P 网络技术

参考答案：（C）

知识要点： "网络层"封装了 P2P 网络机制、传播和验证机制等技术。

8. ____不属于共识机制算法。
   (A) 工作量证明机制　　　　　　(B) 权益证明机制
   (C) 股份授权证明机制　　　　　(D) P2P 网络技术

参考答案：（D）

知识要点： 目前已经出现了十余种共识机制算法，其中比较知名的有工作量证明机制（PoW，Proof of Work）、权益证明机制（PoS，Proof of Stake）、股份授权证明机制（DPoS，Delegated Proof of Stake）等。

9. ____不属于合约层。
   (A) 分配机制　　　　　　　　　(B) 脚本代码
   (C) 算法机制　　　　　　　　　(D) 智能合约

参考答案：（A）

知识要点： "合约层"封装各类脚本、算法和智能合约，是区块链可编程特性的基础。

10. 非对称加密技术的过程不包含____。
    （A）信息发送者用私钥对信息进行签名
    （B）使用信息接收方的公钥对信息加密
    （C）信息接收方用信息发送者的公钥验证发送者的身份
    （D）使用公钥对加密信息解密

    参考答案：（D）

    知识要点：从密码学的角度定义，公钥和私钥其实是一种非对称加密技术，其核心思想是加密与解密采用不同的密钥。在区块链中使用公钥和私钥标识身份，信息发送者用私钥对信息进行签名，使用信息接收方的公钥对信息加密；信息接收方用信息发送者的公钥验证发送者的身份，使用私钥对加密信息解密。

11. 区块链至少经过____节点验证的交易才能取得信任。
    （A）49% （B）50%
    （C）51% （D）60%

    参考答案：（C）

    知识要点：区块链没有中心机构进行交易信任校验和保证，因此每一项交易都需要依靠全网节点的验证来保证，至少经过多数（51%）节点验证的交易才能取得信任。

12. 智能合约是 20 世纪 90 年代由____提出的。
    （A）中本聪 （B）尼克·萨博
    （C）比尔·盖茨 （D）维塔利克·布特林

    参考答案：（B）

    知识要点：智能合约是 20 世纪 90 年代由尼克·萨博提出的一个概念，几乎与互联网同龄。由于缺少可信的执行环境，智能合约并没有被应用到实际产业中。

8.2 区块链应用现状与发展趋势

8.2.1 知识点分析

2008 年 11 月 1 日，一位自称中本聪（Satoshi Nakamoto）的人发表了《比特币：一种点对点的电子现金系统》的论文，标志着比特币的诞生；2013 年年末，俄罗斯 19 岁的维塔利克·布特林（Vitalik Buterin）成为以太坊创始人。比特币和以太坊作为成功的区块链技术应用，也是最典型的代表。

8.2.2 习题及解析

1. 区块链起源于____。
    （A）比特币 （B）以太坊
    （C）狗狗币 （D）万事达币

    参考答案：（A）

    知识要点：区块链起源于比特币，2008 年 11 月 1 日，一位自称中本聪（Satoshi Nakamoto）的人发表了《比特币：一种点对点的电子现金系统》一文，阐述了基于 P2P 网络技术、加密技术、时间戳技术、区块链技术等的电子现金系统的构架理念，这标志着比特币的诞生。

2. 以太坊是由____创造的。
   (A) 中本聪　　　　　　　　　　(B) 马斯克
   (C) Vitalik Buterin　　　　　　 (D) Bytemaster

   参考答案：(C)

   知识要点：2013年年末，俄罗斯19岁的以太坊创始人维塔利克·布特林（Vitalik Buterin）发布了以太坊初版白皮书，启动了以太坊项目。

3. 区块链 1.0 是____时期。
   (A) 比特币　　　　　　　　　　(B) 以太坊
   (C) 狗狗币　　　　　　　　　　(D) 万事达币

   参考答案：(A)

   知识要点：在区块链 1.0，即比特币的时期，为了创建一种新的数字货币，开发者修改比特币源代码，形成新的区块链和替代币。区块链 1.0 是区块链技术的基本版本，能够实现可编程货币，是与转账、汇款和数字化支付相关的密码学货币应用。

4. 区块链 2.0 是____时期。
   (A) 比特币　　　　　　　　　　(B) 以太坊
   (C) 狗狗币　　　　　　　　　　(D) 万事达币

   参考答案：(B)

   知识要点：在区块链 2.0，即以太坊占据主导的时期，受到数字货币的影响，人们开始将区块链技术的应用范围扩展到其它金融领域。

5. 区块链 2.0 加入了____理念。
   (A) 非对称加密　　　　　　　　(B) 智能合约
   (C) P2P 网络　　　　　　　　　(D) 时间戳服务器

   参考答案：(B)

   知识要点：在区块链 2.0，即以太坊占据主导的时期，受到数字货币的影响，人们开始将区块链技术的应用范围扩展到其它金融领域。基于区块链技术可编程的特点，人们尝试将"智能合约"的理念加入区块链中，形成了可编程金融。

5. 区块链 3.0 进入了____社会。
   (A) 可编程货币　　　　　　　　(B) 可编程资产
   (C) 可编程社会　　　　　　　　(D) 可编程程序

   参考答案：(C)

   知识要点：在区块链 3.0 阶段，人们试图用区块链来颠覆互联网的最底层协议，并试图将区块链技术运用到物联网中，让整个社会进入智能互联网时代，形成一个可编程的社会。

8.3　经典应用

8.3.1　知识点分析

经过物物贸易、金银本位、信用货币的演化，人类对数字货币达成了共识，基于互联网社会的发展，数字化和互联网化的数字货币继承并发扬了法定纸币的所有优势，保证了安全性、透明性、不可篡改性和去中心化，将发行、交易、清算与簿记整合在一起，实现了低成本、高效率、高容错、零门槛、实时、无国界等法定纸币无法企及的优势。

8.3.2 习题及解析

1. 数字货币的英文缩写是____。
   （A）DC　　　　　（B）DAT　　　　　（C）DA　　　　　（D）DD

参考答案：（A）

知识要点：数字货币简称为 DC，是英文"Digital Currency"的缩写，是电子货币形式的替代货币。

2. ____继承并发扬了法定纸币的所有优势。
   （A）物物贸易　　　　　　　　　　（B）金银本位
   （C）数字货币　　　　　　　　　　（D）信用货币

参考答案：（C）

知识要点：数字货币继承并发扬了法定纸币的所有优势，保证了安全性、透明性、不可篡改性和去中心化，将发行、交易、清算与簿记整合在一起，实现了低成本、高效率、高容错、零门槛、实时、无国界等法定纸币无法企及的优势。

参考文献

[1] 教育部考试中心. 全国计算机等级考试一级教程[M]. 北京：高等教育出版社，2018.

[2] 李建华，李俭霞. 计算机应用基础[M]. 北京：高等教育出版社，2017.

[3] 郭领艳，常淑凤. 计算机应用基础（Windows 7+Office 2010）[M]. 北京：化学工业出版社，2016.

[4] 导向工作室. Office 2010 办公自动化培训教程[M]. 北京：人民邮电出版社，2014.

[5] 九州书源. Word 2003/Excel 2003/PowerPoint 2003 办公应用[M]. 北京：清华大学出版社，2015.

[6] 高天哲，孙伟. 计算机应用基础（Windows 7+Office 2010）[M]. 北京：化学工业出版社，2016.

[7] 眭碧霞. 信息技术基础[M]. 2 版. 北京：高等教育出版社，2021.

[8] 未来教育教学与研究中心. 全国计算机等级考试教程一级计算机基础及 MS Office 应用[M]. 北京：人民邮电出版社，2013.

[9] 靳小青. 新编信息检索教程[M]. 北京：人民邮电出版社，2019.

[10] 关东升. Python 编程指南[M]. 北京：清华大学出版社，2019.

[11] 李效伟，杨义军. 虚拟现实开发入门教程[M]. 北京：清华大学出版社，2021.

[12] 莫宏伟，徐立芳. 人工智能导论[M]. 北京：人民邮电出版社，2020.

[13] 易海博，池瑞楠，张夏衍. 云计算基础技术与应用[M]. 北京：人民邮电出版社，2020.

[14] 宋铁成，宋晓勤. 5G 无线技术及部署[M]. 北京：人民邮电出版社，2020.

[15] 黄玉兰. 物联网概论[M]. 北京：人民邮电出版社，2018.

[16] 桂小林，安健. 物联网技术导论[M]. 2 版. 北京：清华大学出版社，2018.